画给孩子的
海错图

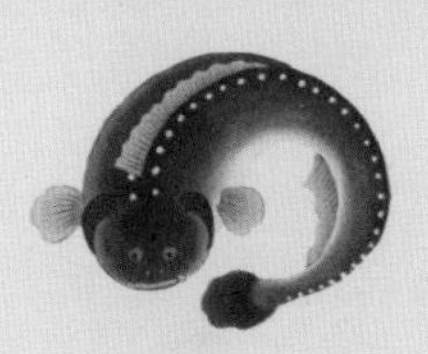

李超 / 编著
龙小爹　酒九 / 绘

湘潭大学出版社

版权所有 侵权必究

图书在版编目（CIP）数据

画给孩子的海错图 / 李超编著 ; 龙小爹, 酒九绘
. -- 湘潭 : 湘潭大学出版社, 2021.12
ISBN 978-7-5687-0708-4

Ⅰ. ①画… Ⅱ. ①李… ②龙… ③酒… Ⅲ. ①海洋生物一图集 Ⅳ. ① Q178.53-64

中国版本图书馆 CIP 数据核字 (2021) 第 268273 号

画给孩子的海错图

HUA GEI HAIZI DE HAICUOTU

李超 **编著** 龙小爹 酒九 **绘**

策划编辑：兰小平
责任编辑：张 蔚
封面设计：尚上文化
出版发行：湘潭大学出版社
社　　址：湖南省湘潭大学工程训练大楼
电　　话：0731-58298960 0731-58298966（传真）
邮　　编：411105
网　　址：http://press.xtu.edu.cn/
印　　刷：大厂回族自治县德诚印务有限公司
经　　销：湖南省新华书店
开　　本：710 mm×1000 mm 1/16
印　　张：9
字　　数：160 千字
版　　次：2021 年 12 月第 1 版
印　　次：2022 年 2 月第 1 次印刷
书　　号：ISBN 978-7-5687-0708-4
定　　价：49.80 元

前言

《海错图》原著是由清朝画家聂璜绘制的一部海洋生物图谱。后来，这本书被带入皇宫，受到乾隆、嘉庆、宣统等皇帝的喜爱。《海错图》一共四册，现有三册藏于北京故宫博物院，第四册藏于中国台北“故宫博物院”。

“海错”的“错”是种类繁多、错杂的意思。

聂璜花费几十年时间，游历河北、天津、浙江、福建等地考察沿海的生物，并将自己所见、所闻的 300 余种生物，悉数用生动的图片和文字记录下来。作者每看到一种生物，都会将其画下来，然后多方考证，或询问当地渔民，或翻阅群书，将自己的毕生精力都投入写作这本书。书中的图画笔触细腻、生动，收录的海洋生物或憨态可掬，或威风凛凛……一个个皆神采奕奕，跃然纸上。而且，聂璜还为所绘制的每一种生物配有文字，或为观察记录，或为文献考证，或为一首“小赞”。

受到时代的限制，《海错图》中记载的大部分内容真假混杂，但也妙趣横生。在不失《海错图》本味的基础上，为了让它更加适合现代读者阅读，本书作者以《海错图》为蓝本，对其中的生物进行了多方、多地的考证求索，并邀请专业少儿插画师，重新绘制了精美的写实插图。

书中采用了中国传统本草书的分类方法，将《海错图》中生物分为鳞、虫、介、羽四类。本书还新增了“海错奇说”“海图探秘”“海图百科”“海错档案”模块，满足读者的猎奇心，激发探索欲，让读者在感叹造物的奇妙之余，能对世界、对海洋、对生命多一份敬畏之情，多一分爱护之心。

目录

鳞部

兽部

虫部

介部

羽部

化生

异像

鳞部

仍如前搖脫其螯抽出棄之蓋此魚之尾甚薄蟳螯雖利所損無幾抖而落去脫然無恙然後游至石隙不以尾而用首索之蟳無所恃但出涎沫作郭索狀魚乃以口吸螯折傷處全身之肉盡爲吮去未幾蟳斃而魚已飽矣漁人每見奇而述之人亦未信網中所得蟳虎魚其尾往往裂破不全茲足驗也嘗聞蝎牛至弱也而能制蜈蚣必先以涎落其足今蟳虎欲食蟳必先損其螯其智一也凡人之技藝必從習學而物類之智盡自天秉莊子曰以蜘蛛蛣蜣之陋而布網轉丸不求之于工匠則萬物各有能也信然矣

蟳虎魚贊

爾狀不威爾力未強
乃以虎名以柔制剛

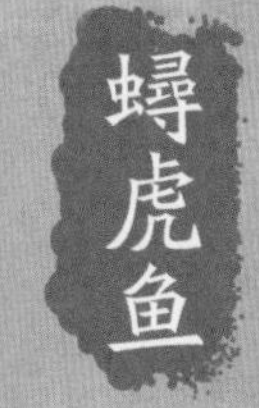

蟳虎魚黑綠色形如土附細鱗而濶口常游海巖石隙間或有石蟳藏於其內則以尾擊撓之蟳覺伸一螯鉗其尾此

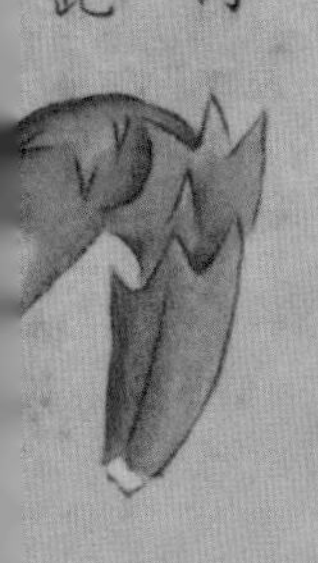

尔状不威，尔力未强。

乃以虎名，以柔制刚。

——蟳（xún）虎鱼赞

/译/文/

你（蟳虎鱼）的身姿不算威武，你的力气未必很强大。可你的名字却带着虎字，这可能与你捕食石蟳时，善于运用以柔制刚的技巧有关吧。

海错奇说 ——“捕蟹高手”的怪招

海底，一条䲁虎鱼悠悠地游弋在布满石缝的岩石之间，瞪着眼睛，注视着岩石石缝处的动静。

突然，一只石䲁（一种梭子蟹之类的螃蟹）从石缝中爬出，䲁虎鱼见状，立马向石䲁游去。石䲁挥舞着大钳子，准备迎战。

没想到，䲁虎鱼一靠近石䲁，就转身将尾巴伸到石䲁面前挑衅。石䲁立马伸出一只大钳子，钳住了䲁虎鱼的尾巴！就在石䲁得意之际，䲁虎鱼猛然一甩尾巴，把石䲁的蟹钳扯了下来！䲁虎鱼将蟹钳抖落，再次伸出尾巴，石䲁彻底怒了，伸出另一只蟹钳再次夹住䲁虎鱼的尾巴。䲁虎鱼故伎重施，扯掉了石䲁另一只蟹钳。

石䲁没了蟹钳，䲁虎鱼就放心地用嘴对准石䲁蟹钳脱落的伤口处，吸吮起来，不多时，石䲁的肉就被䲁虎鱼给吸食得一干二净……

海图探秘 ——以讹传讹

《海错图》中记载的䲁虎鱼真有这么聪明吗？

有人秉持实事求是的精神，进行研究探秘。结果却让人大为失望。因为，石䲁对敌害发动攻击时，一般会两钳同时出动；而且，石䲁的蟹钳力气很大，如果䲁虎鱼大力甩尾巴，可能连自己的尾巴都会折断。所以，䲁虎鱼智擒石䲁的故事，只是传闻。

其实，《海错图》的作者聂璜对䲁虎鱼的了解也是听渔民说的，并没有深入考究。

海图百科

根据《海错图》的图片及文字描述来看，我们基本可以确定它就是中华乌塘鳢（lǐ）。

中华乌塘鳢头大身圆、口宽唇厚，身上布有斑点，腹部雪白，尾巴就像孔雀的尾翎一样。中华乌塘鳢喜欢生活在浅海地区的沙泥底，主要以小鱼和小虾蟹为食。

中华乌塘鳢骨少肉香，营养丰富，深受沿海地区人们喜爱。现在人们还进行大规模养殖。

海错档案

中华乌塘鳢		
	别称	文鱼、鲟虎、涂鱼
	习性	多栖息于浅海、河口附近咸淡水内，喜欢穴居在水中的石缝中，冬季则潜伏在泥沙底下越冬，性凶猛，以小型鱼类、甲壳类贝类等生物为食
	分布	太平洋海域、印度洋海域

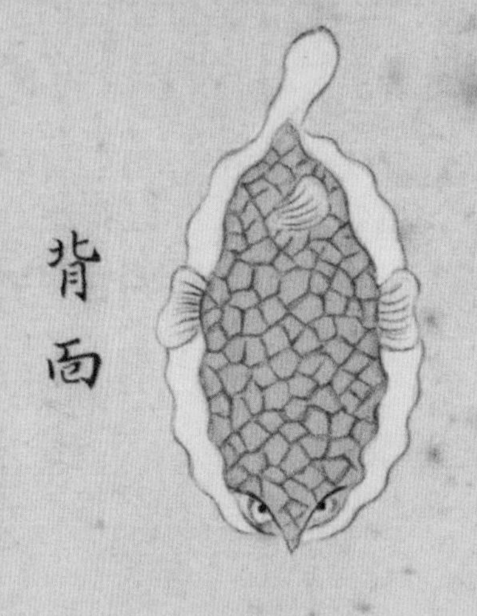
背面

前面

侧面

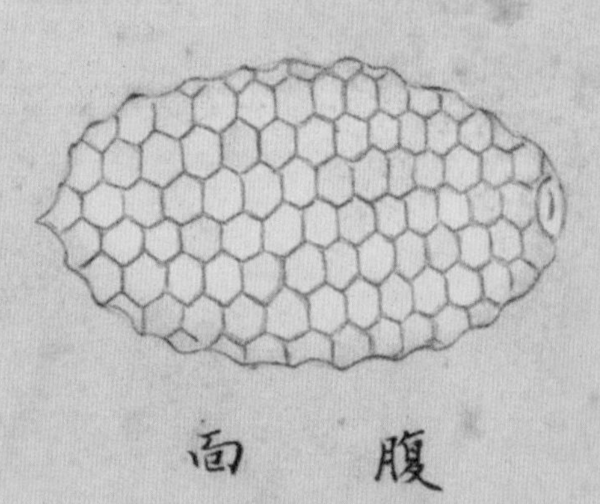
腹面

夹甲鱼

夾甲魚其形甚異兩板上小下大如龜殼狀其紋亦如龜紋中間又四而藏身於內而殼仍連之兩目生於其前左右有翅後有一尾背末亦有小翅皆從殼中透出口在腹板之前而有細齒小者長不及寸雜於魚蝦之中大者僅如拳而止不堪食亦化生之異物耳其狀甚難圖今分作四面看法合而意會之可以得此魚之全形矣以其如龜故亦名龜魚海中怪狀之魚甚有故字彙魚部有魼字此魚亦魼之一也

夾甲魚贊

魚裹龜甲鱗而又介

巧繪難描水族之怪

鱼裹龟甲，鳞而又介。

巧绘难描，水族之怪。

——夹甲鱼赞

译文

夹甲鱼的身体外裹着像龟壳一样的硬甲，看起来像鳞鱼又像甲壳类动物。就算有灵巧的画工也难以描绘出来，真的是水族中的奇怪生物。

海错奇说 ——难以描述的水族之怪

夹甲鱼是一种极为奇怪的鱼，不论是从前面、背面、腹面、侧面都看不出它长得像一条鱼。

它长得像乌龟壳，身上的纹理也如龟纹，身体在壳里面，双眼和嘴巴长在前面，嘴里长着一口细小的牙齿，鱼鳍也从壳中伸出；它的个头很小，小的不到一寸，最大的也只有人类拳头大小。据《海错图》记载，因为它长得像龟，得了个“龟虫”的诨名，还“不堪食用”。

因为外形太过于奇怪，聂璜在绘制《海错图》时，从四个角度分别描绘了这种鱼，并总结：“巧绘难描，水族之怪。”

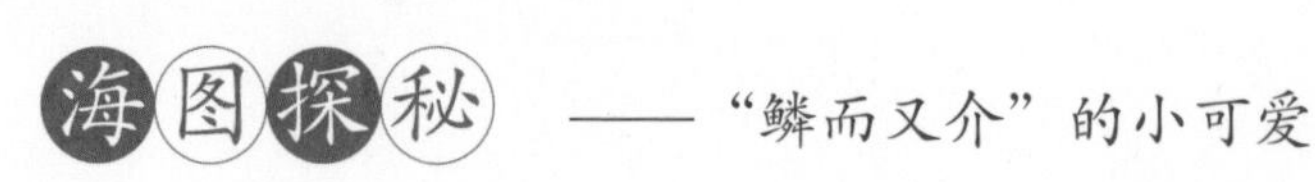

其实，夹甲鱼就是箱鲀（tún）。

箱鲀的身体棱角分明，像一只漂浮在海水中的皮箱。箱鲀前端两侧鼓起两只大鱼眼，靠近腹部的一只小嘴一直嘟起，显得蠢萌可爱。

箱鲀的身体外壳就是一整块骨板，所以才造就它棱角分明、身体僵硬的外形，这也是它的保护壳。箱鲀的鳍和尾巴，“皆从壳中透出”。因此，聂璜描述它为“鱼裹龟甲，鳞而又介”，“鳞而又介”指它同时具有鱼类和甲壳类动物的特征。因此，箱鲀也被称为盒子鱼。

海图百科

箱鲀长得古灵精怪，非常可爱，是一种著名的观赏鱼。不过在饲养它时，可要小心伺候，因为箱鲀遇到危险时会释放出毒素，毒素会让鱼的鱼鳃感到不舒服，甚至会连累整个鱼缸的鱼，如果水箱太小，它还会把自己给毒死。

野外的箱鲀一般生活在浅海的礁石之间，喜欢独来独往。箱鲀以小鱼、小虾、小贝类为食。

由于箱鲀长得实在是太奇特了，也会被制作成一些艺术品。例如将它的皮肤和骨骼晒干，制作成标本，挂在墙上或者展柜上。

海错档案

箱鲀		
	别称	盒子鱼、牛鱼
	习性	栖息于浅海区域的岩礁带，以小型甲壳动物、贝类、海藻等为食
	分布	中国的东海、黄海海域，日本海海域

部義理雜深而世俗通用之者字
反諱矣予故備舉而辨之

本草謂石首乾鯗主消宿食開胃頭中
石主下石淋磨服燒灰而可又謂野鳧
頭中有石指為石首魚所化愚按食品
多重臘月之物以其性斂便于收藏獨
石首春仲而來其性發散而乾鯗反有
取于消食開胃妙用正在乎此知此則
知陳久之益貴也但所產之方未必重
而所重常在不產之處凡物類然頭中
石至堅也反能下石淋者何哉不知石
質雖堅而石性仍主消散或謂曷不竟
用其鯗豈不可下而必用頭中之石乎
曰此以石攻石之妙如伏苓之木可治
筋　荔枝之核可消疝腫類皆彷彿近
之至所論野鳧頭中有石即謂石首所
化不知翁魚鯗魚頭中皆有小石恐不
能盡化野鳧也

石首魚字彙一名鮸考註不解
何以為鮸及詳是魚玩其頭骨
如冰裂紋作棱紋交差狀因悟
古人取字之意非泛然也

石首鱼

石首魚一名春來以其來自春也又名鯼魚爾雅翼曰鯼
即石首合春來之意則江賦所謂鯼魚順時而往還是也
予嘗詢漁人以往來之故曰此魚多聚南海深水中水深
二三十丈石首將放子無所依托是以春時必遊入內海
傍岩岸淺處育之漁人俟其候捕取大約放子喜海濱有
山泉處故閩之官井洋浙之楚門松門等處多聚焉每歲
交春發自海南而粵而閩至浙之溫台寧紹蘇松則漸少
矣交夏水熱則仍引退深洋故浙海漁戶有夏至魚頭散
之說然閩粵則四季皆有也

石首魚以其首有石也吾杭俗謂
之江魚以其取于江也越人稱為
黃魚閩人呼為黃瓜魚爾雅翼曰
南人以為鯗凡海魚皆可為鯗而
石首得專鯗名者他魚之鯗久則
不美且或宜于此而不宜于彼惟
石首之鯗到處珍重愈久愈妙故
得專鯗名字彙鯗字註曰音想乾
魚腊失鮮南人以為鯗之說至於

石首魚贊
海魚石首
流傳不朽
馳名中原

海鱼石首，流传不朽。
驰名中原，到处皆有。
——石首鱼赞

译文

石首鱼，在人们口中流传不朽。它在中原地区大名鼎鼎，到处都可以见到它的身影。

海错奇说 ——鱼头上长着能治病的“石头”

石首鱼多聚集在南海百米深的海域之中，它通体金黄，细小的鳞片错落有致，背上是带有尖刺的背鳍，尾鳍呈圆形，其他几处鱼鳍也呈黄色。

这种鱼奇怪的地方在于，鱼头上长有两块“石头”，以及头部的棱纹形状。

每逢春天，石首鱼就会成群结队游入内海繁殖后代，在沿岸水浅的地方产卵，这时就是捕获它们的最好时机，所以石首鱼又被渔民称为“春来”。到了夏季，由于海水开始变热，石首鱼又回到了深海之中。

这种鱼味道极其鲜美，用它做成鱼干——鲞（xiǎng），就算放得比较长久也能保持上佳的口味。

海图探秘 ——食疗俱佳的“宝鱼”

据《海错图》对石首鱼的描述，我们知道它就是大黄鱼。大黄鱼浑身长着金色鳞片，且头顶有两块“石头”。

这种石头叫“矢耳石头”，起到平衡身体的作用，很多鱼的头部都有，只不过大黄鱼的较为突出而已。

大黄鱼会在远海越冬，入春进入近海产卵。原文的描述基本符合大黄鱼这个习性。

海图百科

大黄鱼是一种捕食性的鱼，时常会逆流进入河口觅食小鱼、小虾、小蟹等小动物。

大黄鱼以骨少味美而著称，在我国沿海地区都能捕获到。按照各地的风俗习惯可将其制作成富有特色的美食，尤以鲞这种制法最为著名。

由于滥捕滥捞，中国沿海的野生大黄鱼数量急剧下降，几近濒危。我们现在餐桌上的大黄鱼，基本都是人工养殖的。所以我们在享受美味的同时，也要懂得保护自然环境，取之有度。

海错档案	大黄鱼	别称	石首鱼、黄花鱼、黄瓜鱼、黄金龙
		习性	栖息于近海沙质底或泥质底的海域，以甲壳类、小型鱼类、贝类等生物为食
		分布	太平洋西北海域

魚矣土人家珍故諺云四腮鱸除却松江别處無席間常與黄雀比美亦謂之假河豚云捕此魚者非網非釣以一直竹其末横穿一孔又揷小竹尖不用餌但立於海塘石上垂長竹而以横竹穿透石隙有魚必啣其竹乃抽而出得之甚易按今人因赤壁賦所云巨口細鱗狀似松江之鱸遂指松江斑鱸為四腮鱸不知松江四腮鱸不但與天下之鱸異并與松江之鱸亦異賦内若據張翰所思者而引用則坡公亦未嘗真見四腮鱸也盖張翰吴人因秋風思鱸鱠此正九月方有之四腮鱸也如係斑鱸四季皆有何必秋風哉魚不露腮露腮之魚惟此種字彙有鰓字疑於此魚立鰓名也

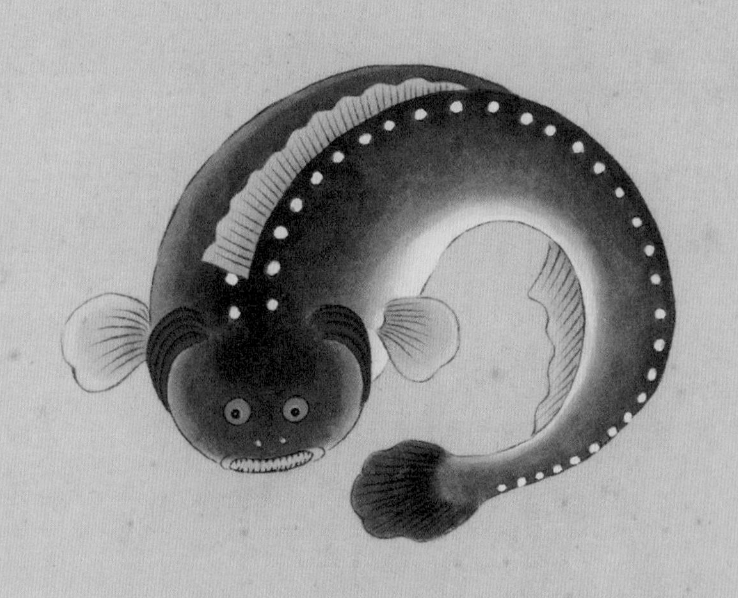

四腮鱸賛

松江之鱸
名著遐方
但知腮四
誰信食霜

康熙六年予客松江得食四腮鱸甚美其魚長不過八寸哆口圓頭而細齒身無鱗背列白點至尾腮四疊赤色露外此四腮之所得名也其魚止一脊骨性精潔以海塘石隙為

松江之鲈，名著遐方。
但知腮四，谁信食霜。

——四腮鲈赞

/译/文/

松江一带的鲈鱼，远近闻名。但我们只知道它长有四个鱼鳃，却无法相信它是吃霜雪的。

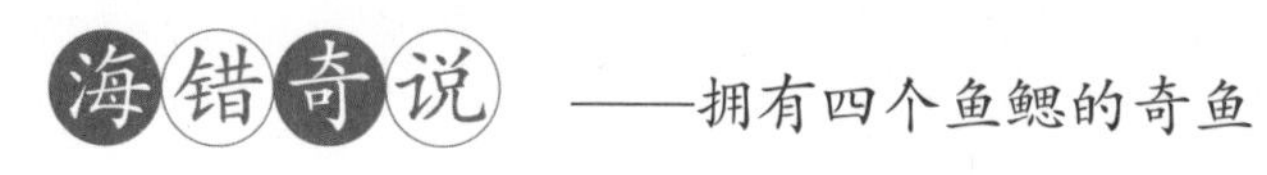

海错奇说——拥有四个鱼鳃的奇鱼

康熙六年（1667 年），聂璜客居松江，食得传说中鲜美的“四腮鲈”。这种鱼身长 20 多厘米，“哆口圆头而细齿”，全身无鳞，背上从头到尾布满整齐白点。“鳃四叠，赤色露外”，所以人们称之为“四腮鲈”。

据聂璜所述，四腮鲈平时喜好干净，住在海塘石隙中。每逢鸡鸣时分，就会爬出洞穴，在石头上寻找霜雪来吃，所以它们只在九月有霜雪时才会出现。

捕获四腮鲈非常容易，只需将一根小竹竿伸入四腮鲈生活的石缝，四腮鲈就会咬住竹尖。人们将竹竿顺势抽上来，就能捉到它。

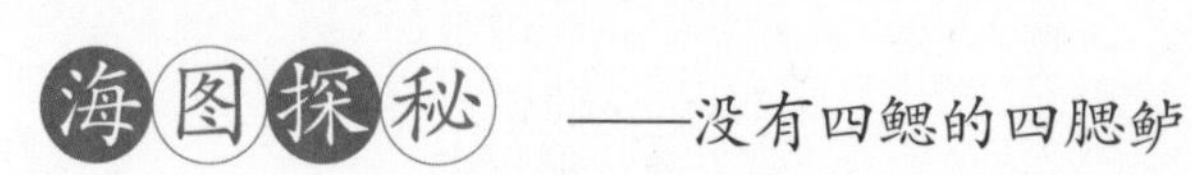

海图探秘——没有四鳃的四腮鲈

四腮鲈就是今天的松江鲈鱼。松江鲈鱼并没有四个鱼鳃。其实是因为它两边的鳃盖膜上各有两条红色的斜纹，看起来就像有四片鳃叶，所以才被称为“四腮鲈”。

此外，聂璜还记载四腮鲈活跃于九月之后的清凉时节，以霜雪为食。根据研究，松江鲈鱼在水暖时节潜伏在近海一带，到了天气转凉时，就会游向深海过冬。它们成群结队从石缝中钻出来，这就造成了它们只在九月天出现的假象。

海图百科

松江鲈鱼属于鲉形目杜父鱼科，只不过历史沿用下来这个名字。

松江鲈鱼属于小型鱼种，头部及前身扁平宽大，前鳍宽大，背上长着鱼刺，下身逐渐缩窄。最显眼之处在于它的鳃盖膜上有两道赤红色的斜纹，像极了鱼鳃。

四腮鲈之所以称为“松江之鲈”，原因就在于松江当地有谚语称：“四腮鲈，除却松江别处无。”事实上，四腮鲈分布很广，中国沿海地区以至日本、韩国所处的广大海域，都有它的身影。

现在，由于过度捕捞、环境污染等原因，松江鲈鱼数量锐减。所以，我们应该行动起来，好好保护这种鱼。

海错档案	松江鲈鱼	别称	四鳃鲈鱼、花鼓鱼
		习性	栖息于靠近海岸的浅海区，时常也会游入内河，主要以小鱼、小虾为食
		分布	中国渤海、黄海、东海沿海地区以及日本、韩国沿海地区

刺魚產閩海身圓無鱗略如河豚狀而有斑點遍身皆刺棘手難捉亦不堪食時乾之為兒童戲耳大者去其肉可為魚燈字彙魚部有鯻字疑即此魚也

刺魚贊

虎豹在山不棌蒺藜
海魚有刺可制鯨鯢

刺鱼

虎豹在山，不採(cǎi)蒺(jí)藜(lí)。

海鱼有刺，可制鲸鲵(ní)。

——刺鱼赞

/ 译 / 文 /

陆地上的虎豹在山上横行，它们不怕带刺的蒺藜；海中有带刺的鱼，能够制服强大的鲸鲵。

海错奇说 ——能变成箭猪的奇鱼

据说，刺鱼产自福建沿海海域，浑身无鳞，布有黑色斑点，长满白色的尖刺。刺鱼味道非常差劲，渔民捕获到刺鱼，一般将它晒干，制成玩具给孩子玩。如果遇到体形比较大的刺鱼，还可以把它的肉剔除后，在空肚子里装上一盏灯，制成“鱼灯”。

在聂璜的笔下，刺鱼能变成箭猪：“海底刺鱼，有如伏弩。化为箭猪，亦射虎狼。”意思是说，这种鱼爬上岸就能变成箭猪，能射杀虎狼之类的野兽。

海图探秘 ——与箭猪无关的海中“刺头”

刺鱼，就是刺鲀。刺鲀浑身是刺，遇到敌害或者受惊时，还会鼓起肚子，变成一只大刺球，以求自保。在沿海一带，确实能看到各种刺鲀做成的玩具和标本售卖。

刺鲀能变成箭猪的传闻，是毫无根据的。刺鲀不仅变不了箭猪，一离开海水就会死亡。造成“刺鱼化箭猪”最大的误会可能是刺鲀有时会游到浅海的礁石上觅食，恰好箭猪也跑到海滩，然后两种身

上都长刺的家伙就被附近的人们看在了眼里。

刺鲀的肉并非不堪食用，只是含有毒性，且难以料理，所以需要小心处理，谨慎食用。

海图百科

刺鲀也是刺鲀科鱼类的通称，是河豚的近亲，它们身体短小，体形稍圆，浑身无半点鳞片，刺则长得错落有致。

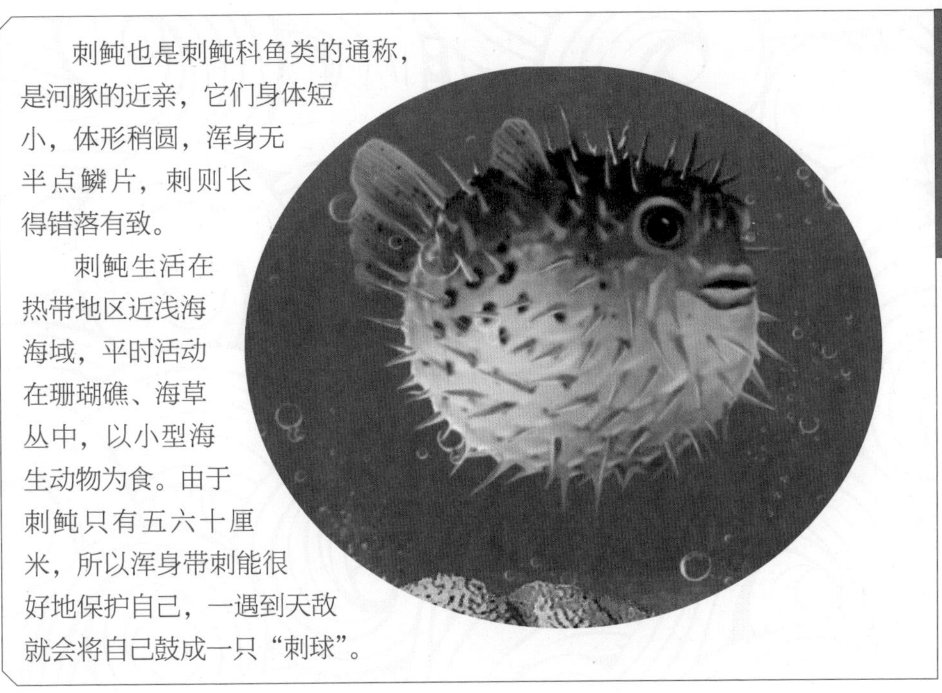

刺鲀生活在热带地区近浅海海域，平时活动在珊瑚礁、海草丛中，以小型海生动物为食。由于刺鲀只有五六十厘米，所以浑身带刺能很好地保护自己，一遇到天敌就会将自己鼓成一只“刺球”。

海错档案

刺鲀	别称	刺鱼、刺鼋、刺龟
	分类	脊索动物门—脊椎动物亚门—硬骨鱼纲—鲀形目—刺鲀科
	习性	栖息于热带地区近海、浅海海域的海底，以贝类、虾蟹、珊瑚等为食
	分布	太平洋西海域、印度洋和大西洋部分海域

龍頭魚産閩海巨口無鱗而白色止一脊骨肉柔嫩多水亦名水潺盖水沫所結而成形者也雖略似鯗狀然鯗魚有子此魚無子食此者投以沸湯即熟可啖

龍頭魚賛

爾本魚形曷以龍稱
只因口大遂得虛名

尔本鱼形，曷以龙称？

只因口大，遂得虚名。

——龙头鱼赞

/译/文/

你原本就是一种鱼形动物，怎么会被称为龙呢？原来只不过因为你的嘴巴很大，所以就得到了这么个虚名。

海错奇说——恃强凌弱的龙王之子？

据《海错图》记载，龙头鱼产于福建沿海海域，体形虽小，却长着一张血盆大口，乍一看上去，像极了龙首。民间相传，龙头鱼是龙王的第十子，因干尽坏事，被龙王逐出了龙宫。

现实中，龙头鱼也是海中的一位小霸王，仗着自己的大嘴，吃遍了海中的弱小海类，连自己的同类也不放过。龙头鱼的鱼身看上去晶莹剔透，极其柔软，就像水做的。如此“柔弱”的身躯，导致它被渔民捞起之时，在渔网中被折腾得面目全非。而且，龙头鱼的味道也不好，因为它软软的，像水沫结成的一样，毫无嚼劲。

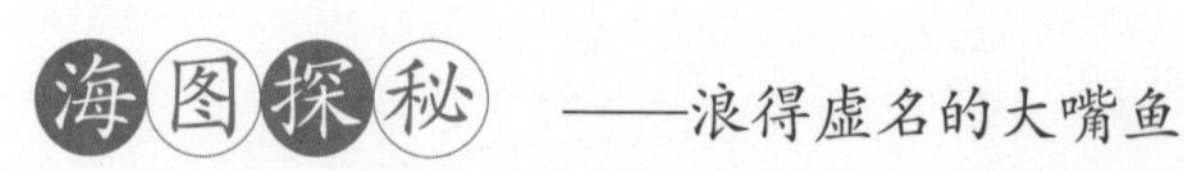

海图探秘——浪得虚名的大嘴鱼

龙头鱼，最大的特点就是嘴巴大，且脑袋大于自己身体的宽度。

龙头鱼并不是什么“龙子”，只因口大，遂得虚名。龙头鱼太过柔软，是因为它只有一条主骨，并且主骨柔软。因此，龙头鱼又被冠以“鼻涕鱼”“豆腐鱼”的称号。

海图百科

龙头鱼生活在沿海的海底泥沙中，在东亚和东南亚的广大海域中，都能见到它的身影。

随着海洋环境的污染，加上过度捕捞，许多常见的海鱼数量锐减。这种昔日扔在路边也没人捡的“鼻涕鱼”，现在却被传为一种营养丰富的美食。

结果就是龙头鱼也被滥捕滥捞，近年来被列入《世界自然保护联盟濒危物种红色名录》，保护级别达到了“近危”的程度。如果再毫无节制地捕捉龙头鱼的话，这种以前随处可见的鱼类，也很快就可能成为濒危动物了。

海错档案

龙头鱼	别称	水潺、狗母鱼
	习性	栖息于靠近海岸的沙质底或泥质底海域，以小型鱼类、中大型鱼类的幼鱼、虾类等生物为食
	分布	太平洋西北海域、印度洋东北海域

閩中有錢串魚身淡青脊上作深青色圈紋金黄内一點黑色以其圈紋如錢而且黄故曰錢串亦名錢棚考諸類書魚部無此魚獨福州志載及

錢串魚贊

擺擺搖搖遊出寶藏
棚一張皮賣弄錢樣

摆摆摇摇，游出宝藏。

bīng
掤一张皮，卖弄钱样。

——钱串鱼赞

/译/文/

钱串鱼在海中摇摇摆摆地游着，看起来就像带着宝藏。顶着这样一张皮，卖弄上面的铜钱花纹。

——大海中飘来了一串“钱”

相传，在幽深莫测的大海中，忽明忽暗的碧波之间，隐隐出现会游动的一串串铜钱，这就是传说中的钱串鱼。钱串鱼浑身上下布满了四周金黄、中间一点黑色的圈纹，因此，人们称它为“钱串鱼”或“钱掤鱼”。

但奇怪的是，这种鱼谁都没见过，而且除了《福州志》，其他各种相关书籍都没有记载这种鱼，着实奇妙。

——钱串鱼？金钱鱼？

其实，据《海错图》所载，聂璜也没有亲眼见过这种鱼，可能也仅仅就是凭着那本《福州志》，按照书中描述画出了所谓的钱串鱼。

后来，人们经过对比、研究，在现实中找到了和聂璜所绘差不多的“钱串鱼”——金钱鱼，鱼身也是印有点点“铜钱”斑纹，只不过细节存在一些差异。

海图百科

金钱鱼原产于东南亚海域，在我国南方海域也常见。金钱鱼身上的“铜钱”只在幼年时比较显眼，随着“长大成鱼”，艳丽的斑纹就会黯淡下来。

金钱鱼，又称金鼓鱼，属于鲈形目金钱鱼属，一般能长到30厘米左右。金钱鱼不仅能在咸海中生活，还时常游到内河的淡水区域。

虽说，金钱鱼的“铜钱”鱼纹只在幼年时比较鲜艳，但仍吸引了许多人将它作为观赏鱼饲养。

海错档案

金钱鱼	别称	金鼓鱼
	习性	栖息于近岸岩礁或海水水域，也能在淡水中生活，杂食性，以小型水生动物、海草等为食
	分布	太平洋和印度洋的热带海域

與人稍異耳粤人柳某曾為予圖予未之信及考職方外紀則稱此魚為海人正字通作魜云即鮫魚其說與所圖無異因信而録之此魚多産廣東大魚山老萬山海洋人得之亦能著衣飲食但不能言惟笑而已携至大魚山沒入水去郭璞有人魚贊廣東新語云海中有大風雨時人魚乃騎大魚隨波往来見者驚怪火長有祝云毋逆海女毋見人魚

人魚贊

魚以人名手足俱全
短尾黑膚背鬣指胼

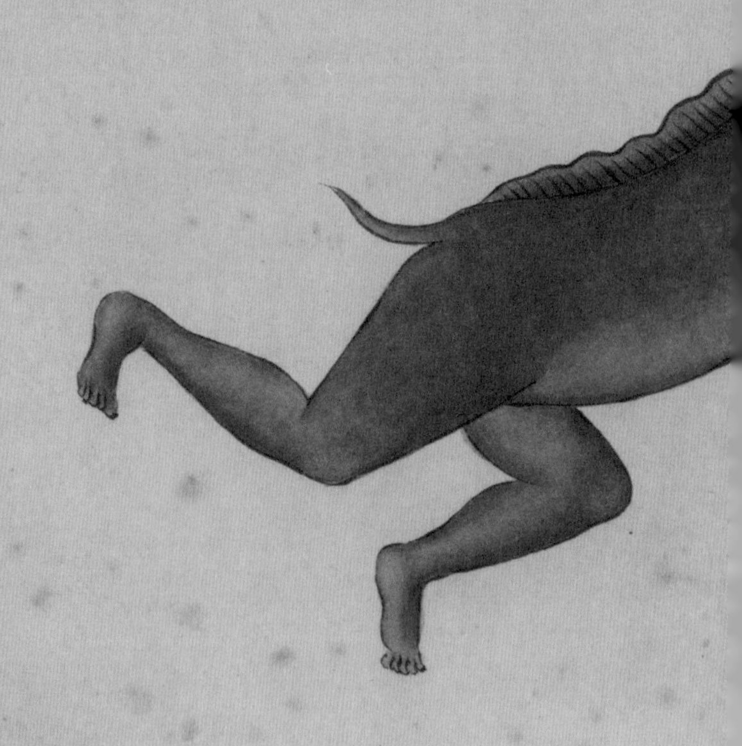

人鱼

鱼以人名，手足俱全。

短尾黑肤。背鬣(liè)指胼(pián)。

——人鱼赞

/译/文/

这种鱼之所以以人命名，是因为它长着一副人的手脚。它还拥有一条短尾巴，皮肤黝黑，背上长着和鱼一样的鱼鳍，手指长满了厚茧。

海错奇说——不断“进化”的人鱼

据《海错图》记载，人鱼全身黑里透青，长着人的面孔，“秃顶”，金发。背上长着鱼鳍，屁股后面有一小截尾巴，手指间有蹼。人鱼能像人类一样吃饭穿衣，但不会说话，开心时会笑。人鱼专挑大风大雨的时候出现，偶尔还可以看到它们骑着大鱼嬉戏。

人鱼的传说，在中国的许多古籍中都有记载。例如《山海经》中的人鱼是：形状像鱼，有四肢，声音像婴儿；《搜神记》的人鱼（鲛人），生活在水中，擅长编织，落下的眼泪能变成珍珠。

海图探秘——横贯中西的“美人鱼”

每当提及人鱼，大多会想到一种真实存在的动物——儒艮。虽然儒艮与传说中的人鱼形象存在着一定的出入，但都同样有鱼尾巴，光溜溜的上身，两只像人的手臂般的鳍肢。在海里游泳时，还真像极了人鱼。

《海错图》中说人鱼不会说话，只会笑，而儒艮的面部看上去就是一副笑呵呵的模样。此外，在大海中，每逢大风大雨，都是大型海洋动物尽情欢乐的美好时光。而人鱼骑着大鱼出现，那条“大鱼”大概就是儒艮的鱼形尾巴所误吧？

海图百科

儒艮是生活在海洋的一种哺乳动物。它身形巨大，能长到两三米长，四五百公斤重。

儒艮皮肤光滑，前肢是用于划水的鳍肢，下身是与鱼类相似的尾巴。由于是用肺呼吸，所以儒艮时常要浮出水面换气。

儒艮是群居动物，以水生植物为食，平时潜伏在海岸附近的海草丛中，一遇到什么风吹草动，就会立马潜入海中，逃之夭夭。

然而，由于人类的滥捕乱杀，儒艮的数量已经急剧下降，成为濒危动物。如果我们再不加以保护，也许不久的未来，这种温驯可爱的动物，就极可能消失在这个世界上，空留下一段段美丽的“人鱼”传说。

海错档案

儒艮		
	别称	人鱼、美人鱼、南海牛
	习性	栖息于热带、亚热带浅海的海草区，草食性，以海草等水生植物为食
	分布	太平洋和印度洋的热带、亚热带沿岸海域

閩海有小紅鰻永不能大土人名為赤鱗魚魚品之最下不堪食又一種可食似赤鱗而色白

赤鱗魚贊

龍宮夜宴萬千紅燭燒殘之餘流泛海角

龙宫夜宴，万千红烛。

烧残之余，流泛海角。

——赤鳞鱼赞

/译/文/

龙宫夜宴，燃烧了千千万万支红烛。赤鳞鱼就像这些蜡烛燃烧时留下的蜡汁，漂泊在大海的角角落落。

海错奇说 ——龙宫蜡烛烧残的汁液

据《海错图》记载，赤鳞鱼，产于福建省沿海，身形细长，长不大，浑身通红，鱼身上下都有灰色的鱼鳍，满口利齿。

虽然赤鳞鱼煞是好看，鱼肉却是“鱼品之最下，不堪食”——鱼肉差劲到了极点，难吃极了！作者在最后评价时，还形容赤鳞鱼是龙宫夜宴点的蜡烛烧残的汁液，流入了海里……

海图探秘 ——红色的小不点

既然赤鳞鱼产于福建沿海，当地海域最接近赤鳞鱼体貌特征的，当属赤刀鱼。赤刀鱼，也是浑身通红，看起来就像一把红色的小刀。可相比于《海错图》所述，赤刀鱼的鱼鳍并不像图中赤鳞鱼那般呈暗灰色，而是鲜红色的。不过还有一种叫背点棘赤刀鱼的，它的背鳍就有黑色的斑点。

据说，赤刀鱼能长到 70 多厘米，这在人们眼中算得上是大型鱼类了。作者说赤鳞鱼“永不能大”，也许是作者误听或者是没见到大的赤刀鱼，抑或是赤鳞鱼根本就不是赤刀鱼吧。

在福建当地，赤刀鱼非常受欢迎，是人们餐桌上的“常客”，还被制成“鱼粉”和“鱼饼”来食用。

海图百科

赤刀鱼体形修长，扁平呈带状，有细长尖锐的牙齿。它们平时生活在沙质或泥质海底，挖洞穴居，像极了陆地上的土拨鼠。赤刀鱼以浮游动物为食。赤刀鱼捕食时会静静地待在泥沙穴中，只伸出一个头，等到猎物靠近，立马就扑上前一口吞下，然后心满意足地缩回穴中，等待着下一个猎物的出现。

海错档案

赤刀鱼		
	别称	赤鳞鱼
	习性	底栖，以浮游动物为食
	分布	太平洋西海域、印度洋、大西洋东海域

魚鼠鮎魚肖形者不一而多在外惟海豘肖猪形於内不經考核但覩外狀何由信之即古人註魚字為獸曰似猪亦不詳所以似猪之實且註又謂此魚有毛乾之可以驗潮候益非矣今此魚無毛豈別有一種有毛之豘魚乎海豘好風水中頭豎起向風聳拜而後潜潜而後起隨浪高下不定漁人偶得知必有大風將至亟収舶撤網避之懶婦所化者非真化自懶婦也特戲言耳頭中有孔能噴水曽詢之海人張朝祿云果然似乎其腮在頂也考字彙魚部有鱁字以明魚中之彘而非獸中之彘也字註未註明今為証出

海豘贊

海豘如猪殊難信書

考驗得實始知為魚

海豘

本草謂海㹠生大海中候風潮出形如豚鼻中有聲腦上有孔噴水直上百數為羣人先取其子繋之水中母自來就其子千百為羣隨母而行其油照樗蒲則明照讀書及績紡則暗俗言懶婦所化又云其肉作脯一如水牛肉味小腥耳皮中肪摩悪瘡殺犬馬瘑疥虫今考驗海㹠形全似魚背灰色無鱗甲尾圓而有白點腹下四皮垂垂似足非足若划水然目可開闔其髀臃腫圓肥長可二三尺絶類公庭所擊木柝篇海字彙註魚字曰獸名似猪東海有之疑即此也然既云是猪其髀仍是魚形何歟詢之漁人曰海㹠實魚形非猪形也不驚於市人多不識網中得此多稱不吉悪之其肉不堪食熬為膏燭機杼不汚腹

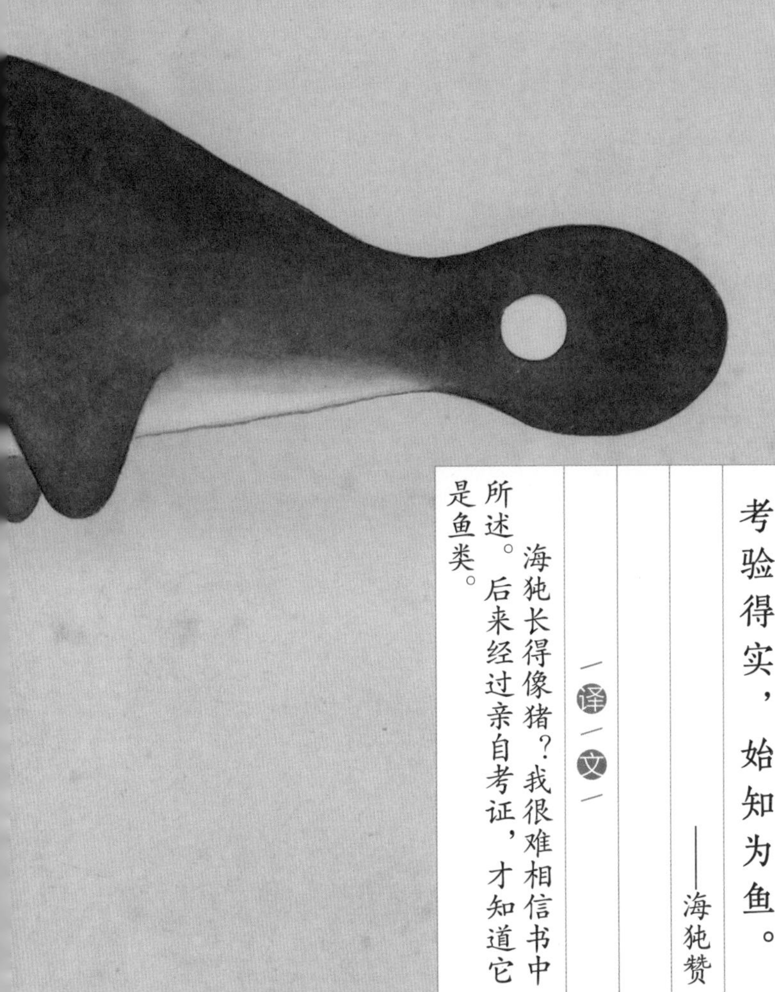

海㹠（tún）如猪，殊难信书。
考验得实，始知为鱼。

——海㹠赞

译文

海㹠长得像猪？我很难相信书中所述。后来经过亲自考证，才知道它是鱼类。

传说，在浩瀚的大海中生活着一种“海豘”，长得“臃肿圆肥，长可二三尺”。

海豘喜欢在大风大浪时出来戏耍。所以每当渔民在海中发现它们的身影时，就知道狂风要来了，赶紧收好渔网，掉转船头往海岸赶。不多时，果然变天了，而海豘则玩耍得更欢了。

而且，每当渔人捕获到这种鱼，会被认为是不吉利的征兆。据说海豘是懒惰妇女的化身，用它的脂肪点的灯，放到织布机前就会变暗，放在歌舞玩乐的地方就会更加明亮起来。

此外，据说如果捕获一只小海豘，海豘妈妈就会领着大队伍前来救援。

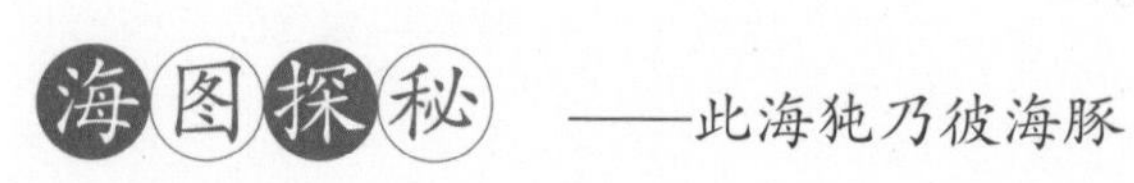

聂璜听说了这些关于海豘的传闻后，便去探实。一看，这海豘分明就是鱼的样子！渔民解释道：“海豘并不是外表像猪，而是内脏和猪的内脏一样！”

后来，聂璜还发现海豘头顶有一个小孔可以喷水，似乎是它的鳃。海豘通身没有鳞片，而且没有背鳍。

我们经过多方面对比分析，发现海豘就是海豚！

首先，“豘”同“豚”，是“小猪”的意思，亦泛指猪。《海错图》中描述的海豘和海豚对比，它们外形相似，都如鱼般圆滑流畅，且具有哺乳动物的一些特征，所以，它们就是同一物种。

海图百科

海豚主要生活在热带的深海里，根据种类的不同，体长一般在 1 ～ 10 米；海豚喜爱吃鱼，每天都要吃上十来公斤到上百公斤不等；海豚是哺乳动物，所以也是胎生的；海豚对自己的宝宝呵护有加。此外，海豚不仅性格温顺，还很聪明。

但随着海洋环境的污染，以及人类的滥捕，近几十年来，海豚的数量急剧减少。许多海豚因误食了人类随意扔弃的垃圾而发病或死亡。此外，人类的电波还时常干扰海豚体内用来导航的声呐系统，使海豚“误入歧途”，冲上海岸导致搁浅。所以，要保护好海豚这种受人欢迎的动物，还是要靠我们人类自己。

海错档案

海豚	别称	海猪、鱼兽、鱼狸
	习性	栖息于浅海海域，偶尔也进入内河淡水水域，大部分种类生活在热带的温暖海域，少部分种类生活在寒冷海域，以鱼类、乌贼等生物为食
	分布	全球各地海域，主要集中在热带海域

蛇魚吳俗稱為海蜇越人呼為蛇魚亦作鮓魚以其鼒而切之也又名樗蒲魚字說云形如羊胃浮水以蝦為目故亦名蝦蛇爾雅翼曰蛇生東海正白濛濛如沫又如凝血生氣物也有知識無腹臟予客甌之永嘉每見漁人每於八月捕蛇生時白皮如晶盤頭亦肥大甚重賈人以碁浸之則薄瘦始鬻閩此物無種類緑水沫所結然閩中諸魚俱由南而入東北惟蛇魚則自東北而入南秋冬時東北風多則網不虛舉然亦有候或一年盛或一年衰大約雨多而寒則繁生予客閩有網鮮蛇者剖其頭花中有腸胃血膜多鬻之市以醋湯煮之甚可口多時亦晒乾其臟可以久藏配肉煮亦美爾雅異云無腹臟悞矣嶺表録謂水母目蝦水母即蛇魚也稱其有足無口眼大如覆帽腹下有物如絮常有數十蝦食其腹下涎人或捕之即沉乃蝦有所見爾雅所謂水母以蝦為目者也食腹下涎故當在其旁益足驗漁人之言為不誣彙苑不識水母綫即鼒切之蛇魚也而曰澄爛挺質凝沫成形謬甚矣蛇以蝦為目諸類書皆載即內典楞嚴經亦有其說以是淹雅之士莫不咸知然未獲覩其生狀終不能無疑夫以蝦為目見典籍者尚不能無疑今閩海更有蛇魚化鷗之異人益難信乃予取海錯中諸物之能變者証之如楓葉化魚已等腐草之為螢若虎鯊化虎鹿魚化鹿黃雀化魚烏賊化烏石首化鳧原有變化之理合之蝗之為蝦螺之為蝌則信乎蛇能變鷗不獨雉蜃雀蛤之徵於月令者而已予故以蛇終螺虫而以鷗始羽虫云

蛇魚鬧自四月八日有大雨則繁生海中每雨一點作一水泡即為蛇之種子餘日以後雖生而不繁且鬧多不成形或有紅頭而無白皮或如荷包蛇之類皆不能長養者也蛇之初生形全者甌人乾之以配肉煮甚薄脆而美名曰金盞銀臺

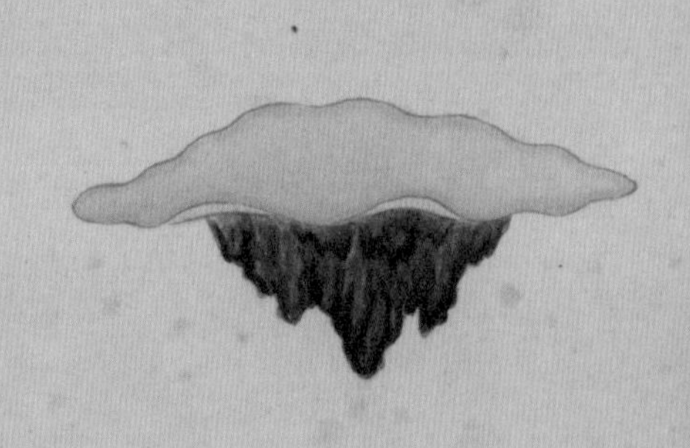

蛇魚賛

水母目蝦

暫有所假

志在青雲

但看羽化

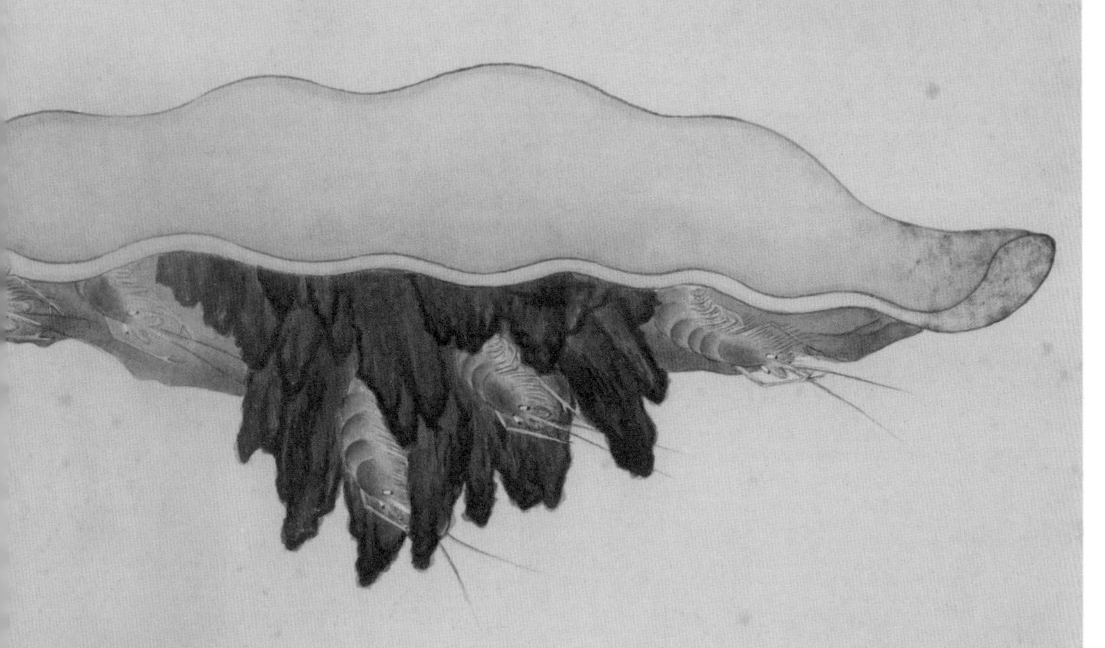

金盞銀臺賛

王母龍姿

大會蓬萊

麻姑進酒

水母目虾，暂有所假。

志在青云，但看羽化。

——蛇（zhā）鱼赞

译文

水母是否靠虾来充当眼线，这一点暂时还弄不清真假。但如果它立志要飞上青天白云之中，就要看它是否能变成鸟儿。

海错奇说 ——水母翻身变成了海鸥

《海错图》援引《字说》说：蛇鱼像一团羊胃漂浮在海中，以虾为眼睛；又援引《尔雅翼》说：蛇鱼就是由一团水沫形成，没有内脏。蛇鱼“生于水，化为水”，捕捞上来后，必须及时将它浸入明矾中，不然它就会化成一摊水了。蛇鱼日常活动就靠一群小虾领着，平时小虾就在它四周玩耍，如果遇到危险，小虾嗖地一下全钻进蛇鱼体内，蛇鱼一感受到小虾们的动静，就立马下沉，保住性命。

更令人惊奇的是，蛇鱼竟能变成海鸥！相传康熙年间，福建有一位老渔民捕获到一只身体圆溜溜的蛇鱼，像鸡蛋一样，当他带回家剖开来看时，发现竟有一半变成了海鸥。

蛇鱼究竟是怎样的一种生物，它真的是靠小虾当眼睛，还能变成海鸥吗？

海图探秘 ——一把水淋淋的“保护伞”

《海错图》原文亦有记载，蛇鱼也叫海蜇。蛇鱼是有血肉、有器官的，并不是水沫凝成。

“水母目虾”，是水母充当了小虾们的“保护伞”。不仅仅是小虾，小鱼们也时常会靠着水母躲避危险，因为有的蛇鱼下垂的“触手”能分泌毒液，蜇退小鱼小虾们的敌害。但蛇鱼还是有“眼睛”的，它的“雨伞”边缘有被称作“眼点”的感觉器官，能感应光线的强弱。至于“蛇鱼化鸥”这种离奇之事，则查无实据。

海图百科

海蜇是一种腔肠动物，大多长得像一把“雨伞”，其中“伞面”就是它身体的主要部分，而一条条下垂的“伞柄”则是它的触手。海蜇通体含水量占身体九成以上，所以在海里时犹如一团透明的水雾，捕捞起来又会变成一摊湿漉漉的“水团”。

海蜇的成长过程十分奇特，有一段时间它会像植物那样固定在某一个地方“生根发芽”，然后从一个漂浮的小虫子长成水螅体，水螅体再分裂成几个碟状幼虫，发育成水母体，最后成长为真正的海蜇成体。

海蜇是食肉动物，平时以浮游生物、小鱼为食。捕食时，通常用自己的触手麻痹猎物，再将猎物送入口中。

海错档案

海蜇	别称	水母、蛇鱼、白皮子
	习性	常成群浮游于海面，以浮游生物、小型甲壳动物、小型鱼类等为食
	分布	分布广泛，主要集中在中国东南沿海海域

福寧海上有頂甲魚一方骨深陷頭上中有楞列刺活時翻抛石上其頂緊吸雖兩三人不能拔起土人亦稱爲印魚漳郡陳潘舍曰此魚潛於海底攢泥中吸石上人不能捕待潮起浮出覓食始可網之

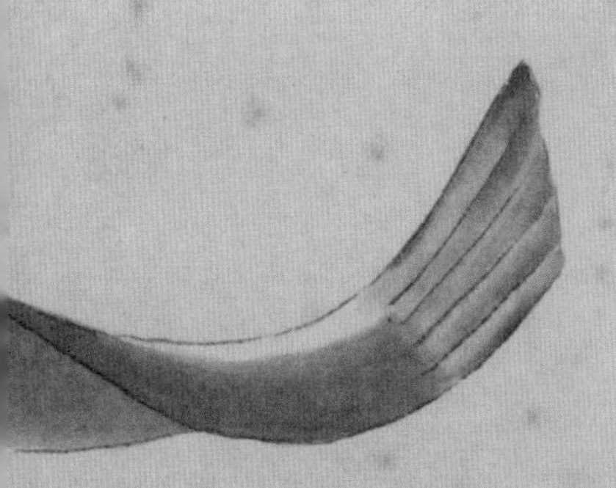

头生方顶，有骨隐隐。

活能吸石，如有所愤。

——顶甲鱼赞

/译/文/

顶甲鱼的头顶长着一块四四方方的东西，隐隐约约看到有骨头。这东西能够吸附石头，就像不高兴死缠着石头似的。

頂甲魚贊
頭生方頂
有骨隱隱
活能吸石
如有所憤

海错奇说——喜欢“搭便车”的免费旅行家

福宁海上有一种顶甲鱼，它的头顶正中有一方骨头，骨上有棱状刺。这块骨头吸力超强，吸住石头时，就算两三个人也不能将它从石头上拔起。正是靠着这块顶甲，顶甲鱼能够随意吸附在大鱼、船只下，跟着一起遨游。

顶甲鱼平时潜在海底泥里，人们只在涨潮时，趁着顶甲鱼出来觅食才能抓获它！

由于顶甲鱼头顶的方骨，看起来就像一块印章，所以人们也称它为“印鱼”。

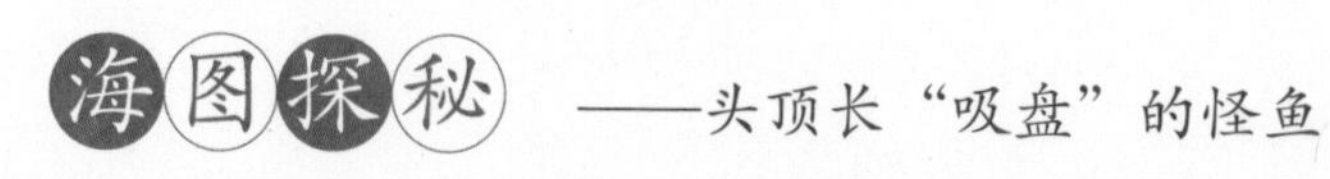

海图探秘——头顶长“吸盘”的怪鱼

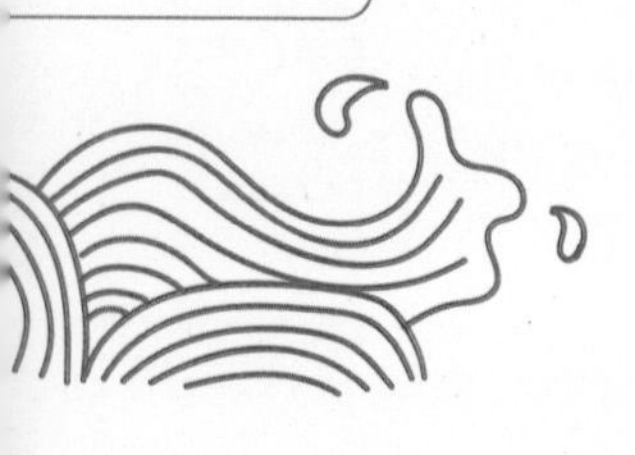

现在的鲫（yìn）鱼，即顶甲鱼，它跟《海错图》中描述的一样，都是“头顶有骨，活能吸石”。

据考证，鲫鱼头顶的方骨其实就是一块吸盘，由背鳍进化而来。不过在《海错图》中，聂璜犯了个错误，他在吸盘之后画了两个背鳍，结果鲫鱼就变成除了吸盘之外，还有两个完整的背鳍。而实际上，鲫鱼的吸盘后应只有一个背鳍。

海图百科

䲟鱼属于鲈形目，身体呈棕黄色或黑色，属于食肉性海鱼，以其他鱼类和无脊椎动物为食。

它的吸盘就是一块布满小刺的骨块。䲟鱼常以吸盘吸附在船底、大鱼身上，随着它们四处远游及寻找食物。

䲟鱼这样做，就是希望它所吸附的这些主儿能够带它到食物丰盛的地方“享福”。一旦到了满意的地方，它就会脱落下来，在那儿安安乐乐地过活着，等到厌倦了，又再次瞅准机会，吸附在另外的寄主身上，让它们带它到另外的地方。所以，䲟鱼真不愧是一名搭惯便车的免费旅行家。

海错档案

䲟鱼		
	别称	长印鱼、印头鱼、吸盘鱼、粘船鱼
	习性	栖息于靠近海岸的浅海海域，常以吸盘吸附在其他大型鱼类身上，随着宿主移动，以小型鱼类、小型无脊椎动物为食
	分布	西太平洋、印度洋、大西洋等温带和热带海域

能止血其牙功同功而更妙但藥
書不載故世鮮用也雜記載海馬
骨云徐鉉仕江南至飛虹橋馬不
能進以問杭僧贊寧寧曰下必有
海馬骨水火俱不能毀鉉掘之得
巨骨試之果然百十年竟不毀一
夕稚皂角則破碎又云搽馬愈久
愈潤以之擊犬應手而裂亦怪異
也予客閩得海馬牙一具大如拇
指長可二寸許據贈者云能止血
最良存以驗海馬之真蹟云字彙
魚部有鰢字所以别魚類之馬也
字彙註通不註明

海馬贊

馬終毛蟲毛以裸繼
裸蟲首鰲鰲馬同氣

海馬之年久者身上有火焰斑其遊泳於海也止露頭上半身每露火焰艇人多能見之今人繪海馬故亦有火焰畫蹄尾俱是馬形而出露於海潮之間非矣

海馬有三種一種異物志所載蟲形善躍藥物中所用本草亦載一種海山野馬全類馬能入海郭璞江賦所謂海馬蹀濤是也一種形略似馬魚口魚翅而無鱗四足無蹄皮垂於下若划水尾若牛尾即所圖者是也其身皆由不甚[illegible]魚

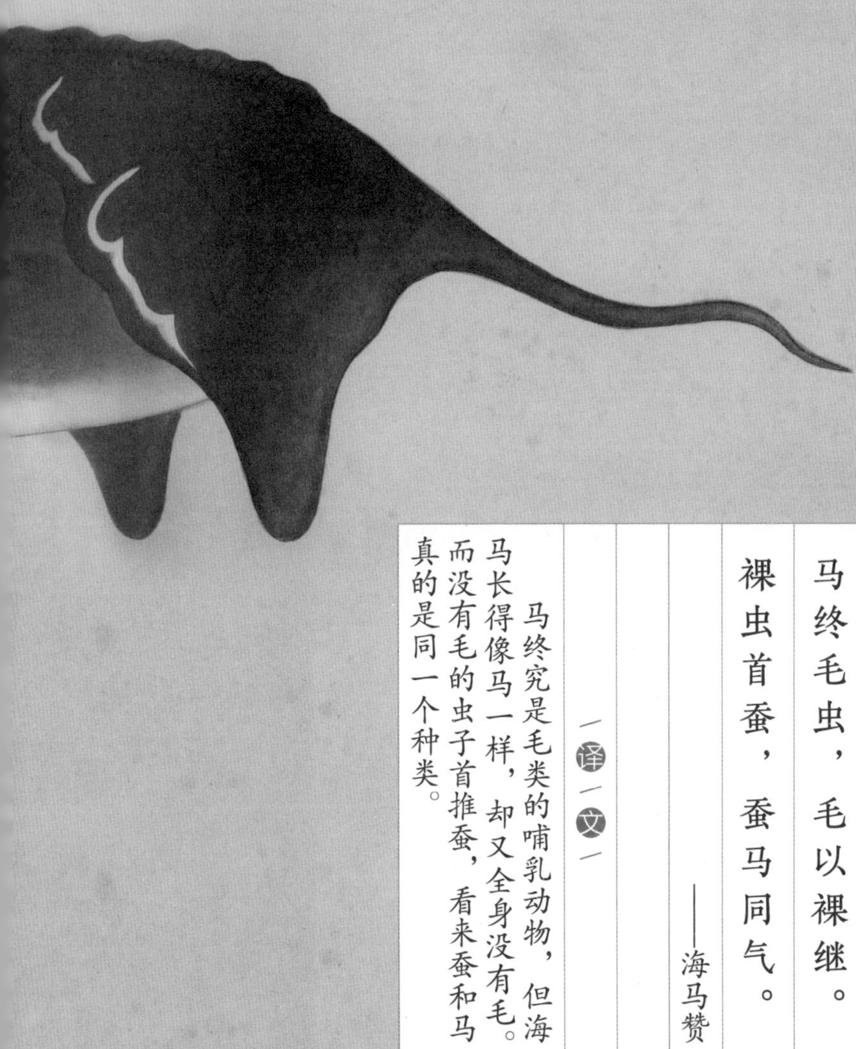

马终毛虫，毛以裸继。
裸虫首蚕，蚕马同气。

——海马赞

译文

马终究是毛类的哺乳动物，但海马长得像马一样，却又全身没有毛。而没有毛的虫子首推蚕，看来蚕和马真的是同一个种类。

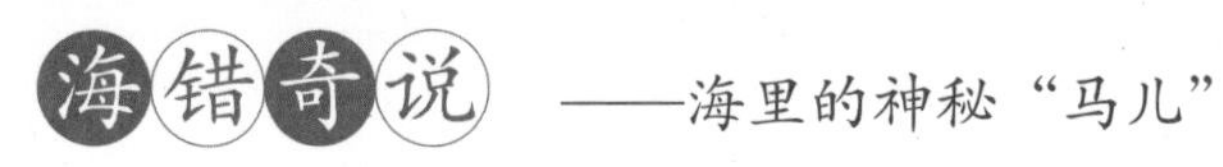

海错奇说 ——海里的神秘“马儿”

海马长着圆滚滚的“马头”，眼睛圆溜溜的，短短的四肢上有火焰的纹理，身躯灰黑圆溜，背上有“马鬃”，长着一条“猪尾巴”。

聂璜介绍说海马共有三种：第一种像虫一样，可以入药；第二种是一种“海山野马”，能在海里游；第三种是长得有点像马，但四肢没有蹄，拖着长长的尾巴。这种海马年纪较长的，身上会长出火焰纹，在海里游时只露出脑袋在海面上。

相传有个叫徐铉的官员骑马过桥时，马不敢前进，问一位高僧，高僧说也许是桥下埋着海马骨，吓着马了。徐铉一挖，果然挖出了一副巨大的海马骨头。

聂璜在福建的朋友家做客时，友人赠送他一副海马的牙齿，有拇指那般大小，长二寸。友人还告诉他，上好的海马牙齿具有止血的功效。

海图探秘 ——此海马非彼海马

依照聂璜所描述的“海马”身材，我们找到海豹、海象、海狮等相似动物，如果忽略一些细节，它们跟图中的“海马”有许多相似之处。

有关海马的传说和塑像，许多建筑物上能找到答案，不过这些都是神话的产物，大概聂璜就是受到这些产物的影响，给一些海洋生物增添了神话元素吧。至于聂璜所述的其他两种“海马”，第二种极有可能只是在一些海岛上栖息的野马，结果被聂璜误会成能够下海游弋的所谓“海马”。

于是，剩下的就只有第一种，也是唯一能够证实为真实存在的海马。因为聂璜援引《异物志》，介绍它“虫形善跃，药物中所用”的特点，这种海马也完全符合。只不过，这种海马可不是马，而是一种鱼类。

下面，就让我们来看看这种海马的真面目吧。

海图百科

现实中的海马属于海龙科，由头、身体、尾部三个部分组成，头部扁平，拥有一张细长的嘴，看起来就像长着一张“马脸”似的，它的尖嘴虽然不能张合，却可以靠吸食的方式来获取食物。

海马的身躯完全由膜骨片包裹着，所以将它捞起时，能感受到它身体硬邦邦的。海马靠着背鳍和胸鳍游动，海马尾部细长，平时卷曲起来，能够调节自己的身体活动，还可以勾在海草、珊瑚等物体上，使身体保持固定。

雄海马的腹部有一个“育儿袋”，雌海马会把卵产在“育儿袋”里，由雄海马负责照顾孵化。

海错档案

海马	别称	海龙
	习性	栖息于河口与海的交界处或深海地区的藻类、珊瑚礁茂密海域，以小型甲壳动物、浮游动物等为食
	分布	太平洋、大西洋

康熙丙午夏月福寧州魚市有雀魚張漢逸勒予往觀而圖存之考之州誌海物中有雀魚而諸類書無聞焉是魚喙長確首雀形而尾端綠岐按鸖同鶴今字彙魚部有鰝字不止作大蝦解也亦當同鶴則不讓鰈魚獨專美矣

雀魚贊

白雀入海追踪魚樂

悞入禹門脫白掛綠

雀鱼

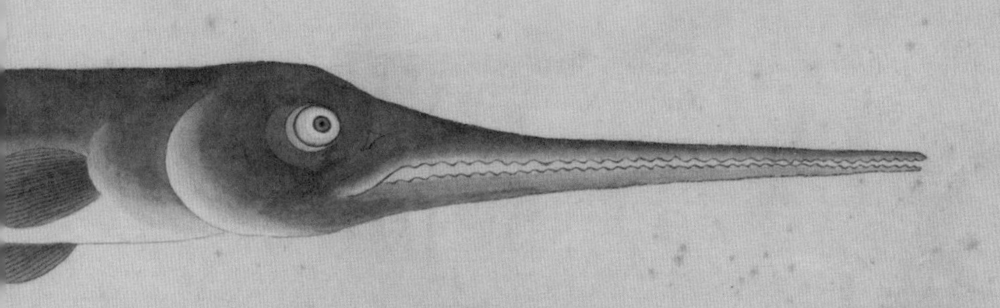

白雀（hè）入海，追踪鱼乐。误入禹门，脱白挂绿。

——雀鱼赞

译文

白鹤飞入海中，追踪捕食鱼类为乐。一不小心，它误入当年治水的大禹门下，脱下白色的羽毛，换上绿色的鱼类着装，彻彻底底变成了一条鱼。

海错奇说 ——白鹤入海变成了绿色的鱼

康熙年间，福建的福宁州出现一种叫“雚鱼”的鱼儿，聂璜被好友张汉逸拉着前去观看，于是就画下了雚鱼的画像。

雚鱼，乍一看，嘴巴尖而细长，犹如细针；身体细长，呈绿色，鱼尾开叉。难不成，这种动物是鸟类和鱼类的合体？聂璜在翻阅相关书籍资料时，都是“查无此鱼”。但他认为：雚鱼是仙鹤走入海中变化而成的！白鹤飞入海中，脱下自己白色的“外套”，换上了一身绿色的着装——因为雚鱼就是浑身墨绿色的。

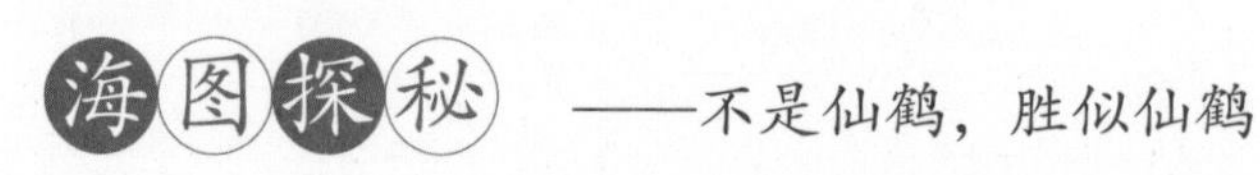

海图探秘 ——不是仙鹤，胜似仙鹤

雚鱼还被称为鹤鱼，至于它与仙鹤的联系，可能是鹤以鱼为食物，喜欢在沼泽及海边生活的习性，使人们误以为雚鱼就是仙鹤变的。

根据聂璜的图文描述，以及对比分析，雚鱼实际上为颌针鱼。颌针鱼独特的细长嘴，分为上下颌，里面布满了细齿，身体细长而扁平，全身分布着银色的小鳞片。颌针鱼的上下鱼鳍整齐对称，尾部开叉，除了颜色与聂璜描述的稍有出入外，其他各方面，颌针鱼都能与雚鱼对应上。

海图百科

颌针鱼的颌部长得像一根细长的针，故而得名。

颌针鱼作为一种海洋鱼类，却比较喜欢在盐分没那么浓的海域生活，为此它时常会游到内河。颌针鱼一般能长到六七十厘米，最长可达 1 米。长长的针嘴里布满细细的牙齿，颌针鱼靠着这张长嘴觅食，小鱼小虾都是它的心头好。

颌针鱼肉质鲜美，能够用来制作多种菜肴，还可以做成肉馅和丸子。食用的时候，人们能够发现它的骨头是绿色的。

海错档案

颌针鱼	别称	雀鱼
	习性	栖息于海湾、河口等低盐分海域，时常进入内河淡水水域，以鱼虾等小型动物为食
	分布	广大温带、热带海域，主要集中在太平洋海域

康熙二十五閩之長溪得見

是魚己卯又見兩划水長

出於尾而赤遍身鱗甲皆

紅色頭有刺土人稱為飛

魚孜爾雅翼載文鰩魚出

南海大者長尺許有翅與

尾齊亦名飛魚羣飛水上

海人候之當有大風左思

吴都賦文鰩夜飛而觸綸

即此也本草云婦人臨月

帶之易産臨産燒為末酒

下一錢亦神効字彙魚部

有鰩字註曰魚似鮒鮒鯽

也今此魚身不大正似鯽

飛魚贊

文鰩夜飛

霞紅電赤

直上龍門

何愁點額

文鳐夜飞，霞红电赤。

直上龙门，何愁点额。

——飞鱼赞

文鳐在夜色中飞翔，如一团红色霞光闪电般划过。这般华丽的身姿，如果它冲上了龙门，还怕不被神仙钦点成龙吗？

海错奇说 ——会飞的鱼

平静的海面上，一条颜色鲜艳的大鱼突然冲出水面，拍着一对粉红色的大“翅膀”，“飞”了很远一段距离后，才重新一头扎入水中。

这就是康熙年间，聂璜在福建见到飞鱼时的场景。这种鱼全身披着通红的鳞片，一对长长的“翅膀”长至尾部，头部长着刺。每当海面刮起大风，飞鱼就一群群地飞出水面，其中大的有一尺来长，它们扑打着“翅膀”，仿佛鲤鱼那样冲上“龙门”。

此外，《山海经》中也有关于飞鱼的记载：身体像鲤鱼，拥有一对鸟的翅膀，常在夜晚往来于西海和东海之间，能发出像鸾鸡般的叫声。

海图探秘 ——朴实无华的真身

我们找到如蓑鲉（yóu）、豹鲂鮄（fáng fú）等鱼，经过对比分析，它们都拥有类似聂璜笔下“飞鱼”的形态和体色，但都不能在水面上“飞翔”；真正能飞的，飞行姿势与《海错图》所叙述相类似的，只有飞鱼。但是，飞鱼体型与《海错图》中的飞鱼又有极大的差异，大都是修长的身躯、蓝灰色的色彩，仅都拥有一对大“翅膀”。

那么，聂璜看到飞鱼的真相是什么呢？有可能是他目睹飞鱼飞翔时，由于离得较远，再加上阳光的反射，使他误以为飞鱼如“霞红电赤”。抑或是聂璜受到《山海经》中文鳐鱼的影响，把飞鱼“添油加醋”变得色彩斑斓吧！

海图百科

其实，飞鱼是不会飞的，我们所见的它的“飞翔”，其实是滑翔。飞鱼一般生活在大海水层的上层，每当遇到敌害时，飞鱼就会拍打自己巨大的胸鳍，同时借助尾鳍的助力，猛然跃出水面，能够跃出 10 多米高，在空中停留数十秒，滑翔数百米远。靠着这个本事，飞鱼往往能死里逃生。

飞鱼的一对大胸鳍像极了滑翔机的翅膀，它修长的身形使它尽量避免了滑翔时的空气阻力，所以能够“飞”得非常远。

飞鱼体形较小，一般只有 40 多厘米。不过，飞鱼逃得了海中的捕食者，却往往逃不出人类的手心。渔民们只需摸透飞鱼“飞翔”的方向，渔网一张，就能令它们自投罗网。当然，滥捕还是不好的，随着飞鱼的数量下降，针对飞鱼的保护措施也陆续出台。

海错档案

飞鱼		
	习性	主要栖息于海水上层领域，以小型浮游生物为食
	分布	世界各大温暖海域

刀鱼

理鮆魚字書作鱴刀字書有魛字鱴刀之刀當作魛又別有魛字以別魛魚則此魚當稱魛魚而從土俗則曰刀魚古人制字一字必有一物若槩稱刀魚則魛字將何着落乎

有物如刀，不堪剖瓜。
垂涎公仪，见笑张华。
——刀鱼赞

译文

海里有一种动物长得像一把刀，却不能用来剖瓜。它使爱吃鱼的公仪流口水，被博学多才的张华所嘲笑。

刀魚贊
有物如刀不堪剖瓜
垂涎公儀見笑張華

刀魚產福寧海洋身狹長而光白如銀首如鰳魚而窄腹下骨芒甚利按類書

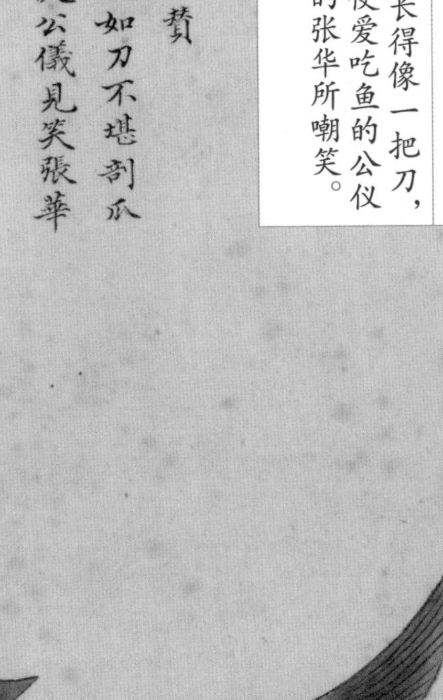

海错奇说——可疑的“宝刀”

在福建的福宁州海域，有一种鱼，身形修长，如同一把大刀，“光白如银”；头长得像鳓（lè）鱼，但比鳓鱼要窄；腹部有突出的骨刺，非常锋利。

然而，聂璜心里还是充满了疑惑，因为，有一些书籍形容刀鱼“饮而不食”，而只有鮆（cǐ）鱼才拥有这个特征。聂璜望着这种像刀一样的鱼，也不忘调侃它一下——“有物如刀，不堪剖瓜”，就算你长得像刀，也不能拿来剖瓜果！

海图探秘——不堪剖瓜？却是厉害角色

其实，聂璜所画的刀鱼，外形特征很像现在的宝刀鱼，鱼头形状、背鳍位置等都符合宝刀鱼的特征。

而我们现在的刀鱼，古称为“鮆鱼”，肚子上有棱鳞，是鲱形目鱼，一种洄游鱼类。在海里时正常进食，但是一开始洄游就停止进食，故而有“饮而不食”的说法。

宝刀鱼可是个厉害角色，时常攻击其他鱼类，如果遇到敌手，就会张开大口紧咬对方。

海图百科

宝刀鱼是鲱形目属下的一个鱼科种类，满口尖利的牙齿。作为一种肉食性鱼类，虽说宝刀鱼只有 30 多厘米长，但它仅凭着这口牙齿就能横行霸道，称霸一方。所以，宝刀鱼还拥有另一个名字——狼鲱。宝刀鱼一般独来独往，生活在海湾一带，喜欢靠近温暖的水域，不过它生性喜欢海水，不会轻易游入内河。

宝刀鱼味道鲜美，非常受人们欢迎。美中不足的是，宝刀鱼刺比较多，这

也扫了不少人的兴。于是有人想到用制作鱼罐头那样的手法来炮制宝刀鱼，用猛火将它的骨头炸酥，至于口味如何，则见仁见智了。

海错档案

宝刀鱼	别称	刀鱼、瓦刀鱼、狼鲱
	习性	栖息于近海海湾温暖海域，以小型鱼类、虾蟹类、头足类等动物为食
	分布	太平洋、印度洋部分地区，中国沿海只产于南海海域

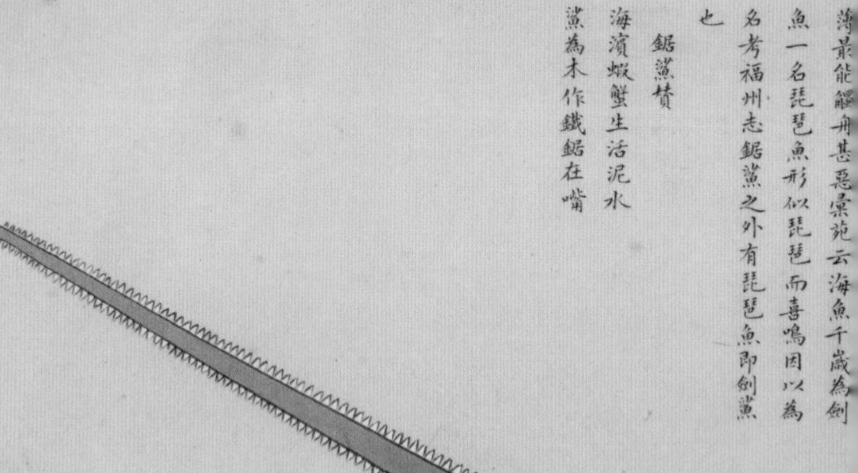

锯鲨

海滨虾蟹，生活泥水。
鲨为木作，铁锯在嘴。

——锯鲨赞

译文

海滨的虾蟹，一般生活在泥水里。它们的天敌锯鲨就像一个伐木工一样，嘴上安着一把铁锯，能将它们从泥水里揪出来吃掉。

說文云鮫鯊海魚皮可飾刀爾雅翼云鯊有二種大而長喙如鋸者名胡沙小而粗者名白鯊今鋸鯊鼻如鋸即胡鯊也字彙[魚居]但曰魚名疑即鋸鯊也此鯊首與身全似犁頭鯊狀惟此鋸為獨異其鋸較身尾約長三之一漁人網得必先斷其鋸懸於神堂以為厭勝之物及鷺城市儈與諸鯊等人多不及見其鋸也彙苑載[魚居]魚註云左右如鋏鋸而不言鼻之長總未親見故訓註不能暢論至字彙則但曰魚名尤失

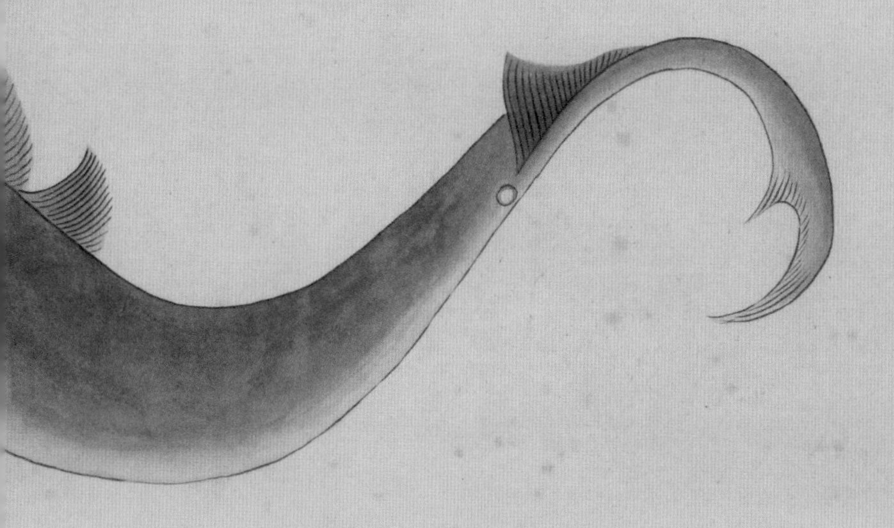

海错奇说 ——嘴长“长锯”的鲨鱼

锯鲨，在许多古籍中都有记载，如《尔雅翼》称锯鲨为“胡鲨”;《说文》又称锯鲨为鲛鲨，它的皮可以用来装饰刀具。

《字汇》则称之为鳋，形容它全身长得跟犁头鲨一样，唯独嘴上的“锯子”非常独特奇异，约占全身长的三分之一。如果渔民捕获到它，必先将它的“锯子”给砍断，然后挂在拜神的地方作为辟邪的物件。锯鲨虽然长得凶恶，但“心地善良”，极少攻击人。

海图探秘 ——“外恶内善”的锯齿鱼类

《海错图》中的“锯鲨”甚为奇怪，经过对比，很像一种锯鳐。但是，锯鲨的鳃长在身体两侧，而锯鳐的长在腹部；锯鲨的吻上还长有一对车杆须，而锯鳐则没有。而且，锯鲨的锯齿相对不那么均匀，锯鳐则相对排列匀称。

而“外恶内善”，不论是锯鲨还是锯鳐，一般都是以鱼类为食，极少攻击人类。

海图百科

锯鲨

锯鲨属于软骨鱼亚纲下锯鲨目，锯鲨体长达 1 米。

锯鲨是底栖鱼类，以鱼、虾、软体动物为食。锯鲨的锯齿其实就是它的吻部所突出的一段骨骼化板状物，上面布满了尖利的牙齿，平时用来捕食猎物，锯齿上的长须可以帮助它寻找猎物。

海图百科

锯鳐属于软骨鱼，体长 5 ～ 9 米，“锯子”最长的可达 2 米。

锯鳐生活在底层，常用又硬又锋利的锯吻翻挖海底的贝类和其他软体动物，还时常冲入鱼群中，甩锯吻把来不及逃避的鱼击伤，然后吞食。

由于人们觊觎锯鳐赖以生存的锯齿，对它滥捕滥杀，导致锯鳐被《濒危野生动植物种类国际贸易公约》列入一级保护目录，并禁止买卖。

海错档案

名称	项目	内容
锯鲨	习性	底栖鱼类，主要以鱼类为食
	分布	太平洋西海域、印度洋、中国黄海、东海沿海
锯鳐	习性	底栖鱼类，一般栖息于热带及亚热带浅水区，有些种类的锯鳐完全栖息在河口或河流上游
	分布	热带、亚热带

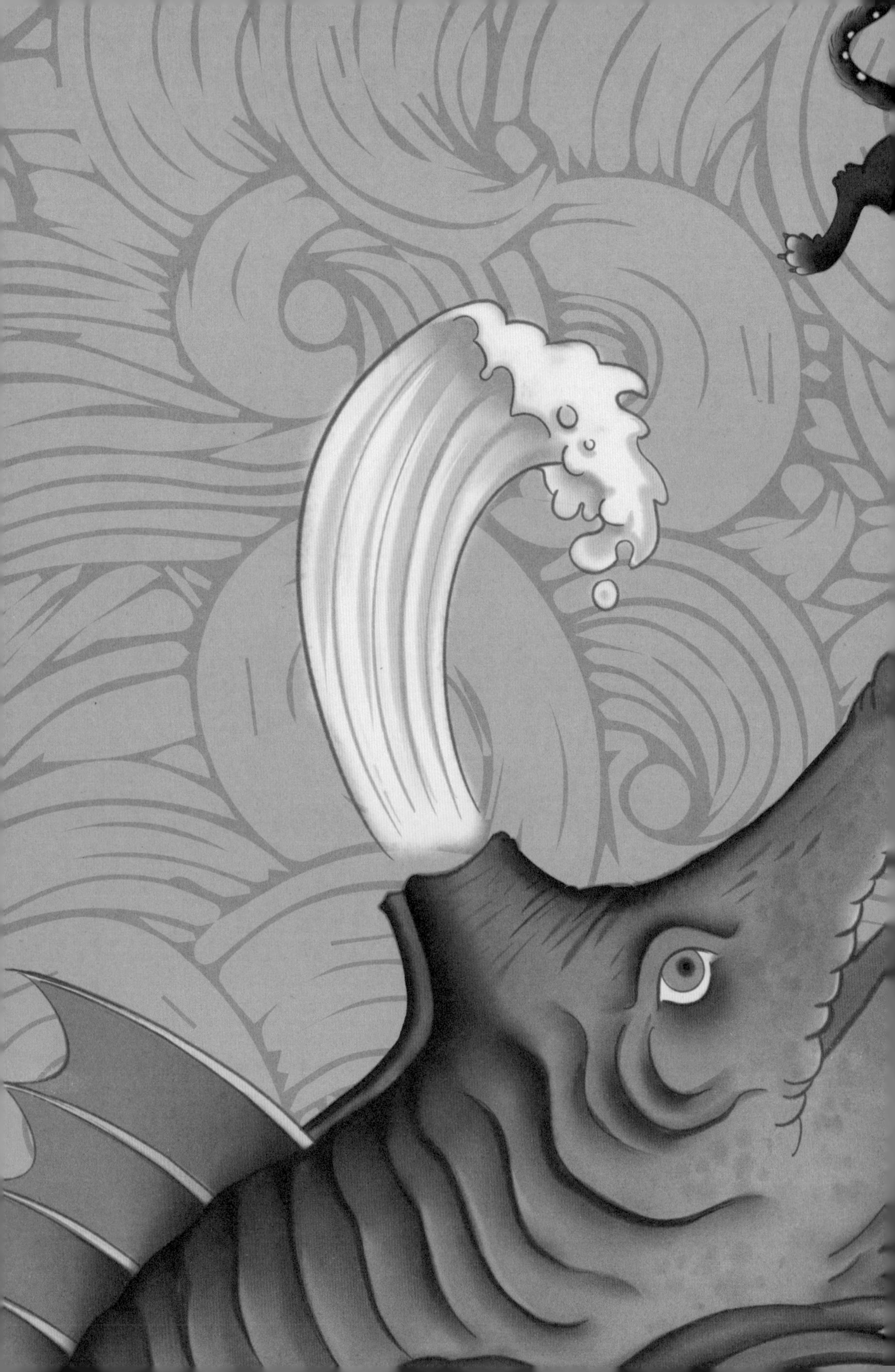

兽部

井魚贊

魚頭有水海島有泉

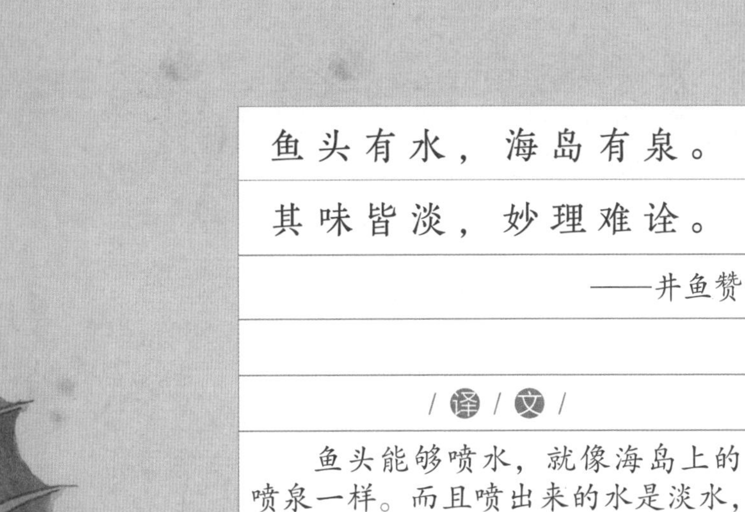

鱼头有水，海岛有泉。

其味皆淡，妙理难诠。

——井鱼赞

/译/文/

鱼头能够喷水，就像海岛上的喷泉一样。而且喷出来的水是淡水，这么奇妙的现象，真是难以诠释。

海错奇说——头上能喷水的巨兽

井鱼是一种体形非常巨大的“鱼”，每逢风雨到来时，它就会出现。它面目狰狞、怒目圆瞪，长着血盆大口，背上有高高的背鳍，长着野兽般的爪子。

此外，井鱼头顶上有一个巨大的孔，“鼻如象，能吸水”。每当它浮上海面，这个孔就会向外如涌泉般喷水。更奇妙的是，井鱼所喷出的是淡水。当它喷水时，附近的船只上的人就赶紧拿着容器来接水。

根据《汇苑》记载，井鱼的脑袋有一穴，能够向外喷水，就如一口井一样。根据《四译考》记载，有一种建同鱼，“四足，无鳞，鼻如象，能吸水，上喷高五六丈”。此外，《西方答问》中记载，井鱼喜欢将头顶上的水喷到船只上，船员们为了防止船只被水压沉，只好将一些酒或者油倒入海中让井鱼品尝，井鱼得到了甜头，就会舍弃船只而去。

海图探秘——被“妖魔化”了的鲸鱼

根据聂璜对井鱼的描写：海里生活、身材庞大、头能喷水等，我们很容易想到这就是鲸鱼。那为什么聂璜会把鲸鱼画成这样呢？

原来，聂璜是临摹的外国图书《西洋怪鱼图》里的鲸鱼形状，并没有考究，所以画错了。而且，《四译考》中关于鲸鱼介绍也跟着讲偏了——“鼻如象，能吸水”，真正的鲸鱼没有象鼻。此外，鲸鱼喷出来的不是海水，而是气体。

至于鲸鱼喜欢将头顶上的水喷到船只上这点，并无证据可考。

海图百科

鲸是世界上现存最大的一类动物，其中蓝鲸的体长最长可达 33 米。

鲸鱼是哺乳动物，鲸鱼妈妈每次只能生一只鲸鱼宝宝，鲸鱼宝宝出生后，靠吃妈妈的奶水长大。鲸鱼是用肺呼吸的，每当鲸要下潜时，就会储存很多空气，浮上水面换气时，由于鼻孔长在头顶，加上呼吸时产生的巨大压力，鲸鱼会连带海水一起喷出。

由于体形庞大，鲸一般生活在深海之中，它的食物非常复杂，有小到几毫米的磷虾，也有大到十几米的乌贼。与其他大多数海洋生物一样，鲸鱼也面临着滥捕乱杀、海洋污染等问题，所以保护鲸鱼，需要人类的共同努力。

海错档案

鲸	别称	井鱼
	习性	大部分种类栖息于深海海域，少部分种类栖息在浅海海域，以头足类、鱼类及虾蟹类等动物为食
	分布	全球各大海域

多取以餙鞍韉今人多不識愚按登州志有海牛島有海牛無角足似龜尾若鲇魚見人則飛赴水皮堪弓鞬又有海狸亦上牛島産乳逢人則化為魚入水若此則海中之獸多肖魚形膃肭臍善接物或即海狸之類又字彙註魚字曰獸名云似猪其皮可餙弓鞬遂指為海猪非是今觀膃肭臍之皮堅厚如牛皮詩所謂象弭魚服或即此也而字彙不能深辨膃肭臍確有其物而海狗又實有海狗其腎或皆可用故圖内兩存之字彙魚部有⿰魚犬字鮈字為魚中犬狗存名也

膃肭臍贊

獸頭魚髀
似非所宜
考據有本
見者勿疑

異魚圖內有膃肭臍本草倣其形圖之獸頭魚身魚尾而有二足并載異魚圖說云試膃肭臍者於臘月衝風處置盂水浸之不凍者為真若係狗形不當入異魚圖今其說既出異魚圖內則其為魚形可知本草內游移不定不能分辨衍義云膃肭臍今出登萊州藥性論謂是狗外腎日華子又謂之獸今

兽头鱼体，似非所宜。

考据有本，见者勿疑。

——膃肭(wà nà)脐赞

/译/文/

长着兽类的头颅，鱼一样的身体，看似应该是不存在的东西。但因有依有据，所以阅读时不用怀疑。

海错奇说——不怕冷的奇兽

腽肭脐“非狗非兽，亦非鱼”。狗首，双腿像狗腿，却长着鱼身鱼尾，全身布满了鱼鳞，它的皮坚硬如牛皮。据《异鱼图》说，鉴定这种动物的办法，就是在冰天雪地的腊月时节，把盆、盂等容器放置在风口位置，然后再将疑似腽肭脐的物体浸泡在容器里，如果冻不着它，那它就是真的腽肭脐。

其实，聂璜也没见过腽肭脐，他也是参考《异鱼图》《本草》等书籍绘制的腽肭脐图像。《字汇》还记载了腽肭脐是一种兽类，特别强调它的皮很厚，可用来制作弓箭上的部件。此外，聂璜又从《药性论》中得知腽肭脐是海狗的外肾。那腽肭脐究竟是什么呢？

海图探秘——拨开谜团见真身

我们从与腽肭脐外形相似的动物中寻找，只有海狗、海狮和海豹。

我们对这三种动物的生活海域、体形、习性来进行筛选对比：

在《海错图》中，已有关于海狗的图文记载确指，所以，此处的腽肭脐想必是指其他动物。海狮和海豹体形较小，性格温和，但就生活海域来说，海狮在中国海域的分布较为靠北，而海豹则几乎所有海域都能见到，考虑到聂璜长期在南方的闽浙一带，所以说，海豹最可能就是腽肭脐的真身。

海图百科

海豹是胎生的哺乳动物，前肢粗短呈鱼鳍状，适合游泳。

海豹虽然在陆地上行动笨拙，但在水中可是捕鱼高手，一天可捕获七八公斤的鲜鱼。此外，海豹喜欢爬上礁石晒太阳。海豹性情温和，就算有人类接近，它也表现得十分友好！

但是，由于人类过度捕杀，将它们的皮制成大衣，将它们的肉做成佳肴，导致海豹数量越来越少。现在，不少国家都实施了保护海豹的措施。

海错档案

海豹	别称	腽肭兽
	习性	平时活动于海中，休息时会爬到礁石、岩石、沙滩或冰原上，以鱼类、甲壳类、头足类等动物为食
	分布	分布广泛，主要集中在北极和南极；中国渤海湾内、秦皇岛、烟台等沿海地区

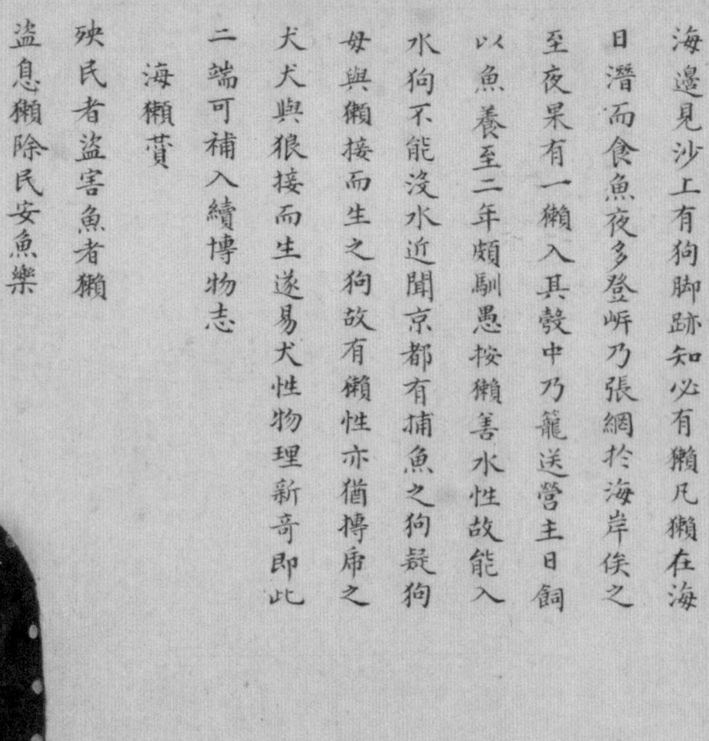
海邊見沙上有狗脚跡知必有獺凡獺在海
日潛而食魚夜多登岸乃張網於海岸俟之
至夜果有一獺入其彀中乃籠送營主日飼
以魚養至二年頗馴愚按獺善水性故能入
水狗不能没水近聞京都有捕魚之狗疑狗
母與獺接而生之狗故有獺性亦猶搏虎之
犬犬與狼接而生遂易犬性物理新奇即此
二端可補入續博物志
海獺贊
殃民者盜害魚者獺
盜息獺除民安魚樂

海獭毛短黑而光形如狗前脚長後脚短康

殃民者盗，害鱼者獭。

盗息獭除，民安鱼乐。

——海獭赞

/译/文/

祸害人民的是盗贼，祸害鱼类的是海獭。如果盗贼被平息，海獭被除掉，那人民和鱼类都会安乐。

海错奇说——祸害人民的“盗贼”

海獭毛发黑而短，长得像狗，像猫狗一样蹲立着，耳朵长过头顶，嘴边有胡须，前脚长，后脚短，拖着一条长长的尾巴，从头部到尾部都排列着整齐的白色斑点。

康熙年间，温州平阳一位姓徐的官员喜欢饲养小老虎、鹿、兔等野兽。当地士兵守卫海边时，见沙滩上有像狗一样的脚印，就知道有海獭出没，于是张开大网等候，到了夜里果然网住了一只海獭。士兵得到海獭后，送给了那位徐姓官员，这位官员每天喂它吃小鱼，养了两年，海獭就被驯化了。

后来，聂璜听闻京城有善于捕鱼的狗，就认为它是狗与海獭所生的混血儿，所以拥有海獭的本领。不过，大家并不喜欢海獭，因为海獭时常“偷盗”渔民养殖的鱼。

海图探秘——偷鱼贼原来是个“小可爱”

其实，在我国只有水獭。而且水獭毛并没有那么黑，背上也没有斑点。在我国古代，一些地方的渔民也饲养水獭，让它们做“苦力”——帮忙抓鱼！每当渔民撒网捕鱼时，水獭必须配合着主人，跳下水去把鱼叼上来。况且，捕鱼是海獭的本性，也不能以此而认定海獭就是偷鱼贼。

至于水獭和狗的混血，则无科学依据！海獭是鼬科，跟狗所在的犬科根本就不搭调。

海图百科

水獭是半水栖的哺乳类动物，生活于江河和海岸带僻静的水域，沿海的水獭则在海岸或近海岛屿边缘活动。水獭擅长游泳，在水中靠灵敏的视、听、嗅觉觅食，特殊时期也会爬上陆地觅食，以鱼为主食，也会捕食蟹、蛙等各种小型动物。

现在，由于生活环境污染，獭类栖息地和食物来源遭到破坏，再加上人类过度狩猎水獭，获取獭皮，导致水獭数量下降。所以，我们应该积极保护这种可爱的动物。

海错档案

水獭	别称	獭猫、鱼猫、水狗、水毛子
	习性	一般穴居，大多有一定的生活区域；擅长游泳，喜欢在通透性较好的水域捕鱼，以鱼为主食。
	分布	广泛分布于亚欧大陆

虫部

得之及入網猶噴墨不止莫以倖脫故
墨魚在水身白及入網而售於市則其
體常黑矣鮮烹性寒不宜人醃乾虽入
稱為螟蛸味如鰒魚愚謂然則本草所
云益氣壯志非指鮮物也必指螟蛸乾
也漢逸是之復曰海外更有一種大者
重數觔背有花紋剖而乾之名曰花脂
其味香美更勝烏賊予恨不及見不復
再為圖論也考類書云烏賊之形似囊
傳為秦始皇所遺筭袋於海而變合之
荷包蛇而觀之真令人想易象於括囊
也予訪之海上見墨魚生子纍纍如貫
珠而皆黑奇之又見有小烏賊其形如
指益圖之以叅論陶隐居鷃鳥所化之
說以見化生之中又有卵生也

墨魚賛

一肚好墨真大國香
可惜無用送海龍王

一肚好墨，真大国香。
可惜无用，送海龙王。

——墨鱼赞

译文

墨鱼拥有一肚子好墨水，堪比“大国香麒麟”墨。可惜却不能来写字，只能白白送给海龙王了。

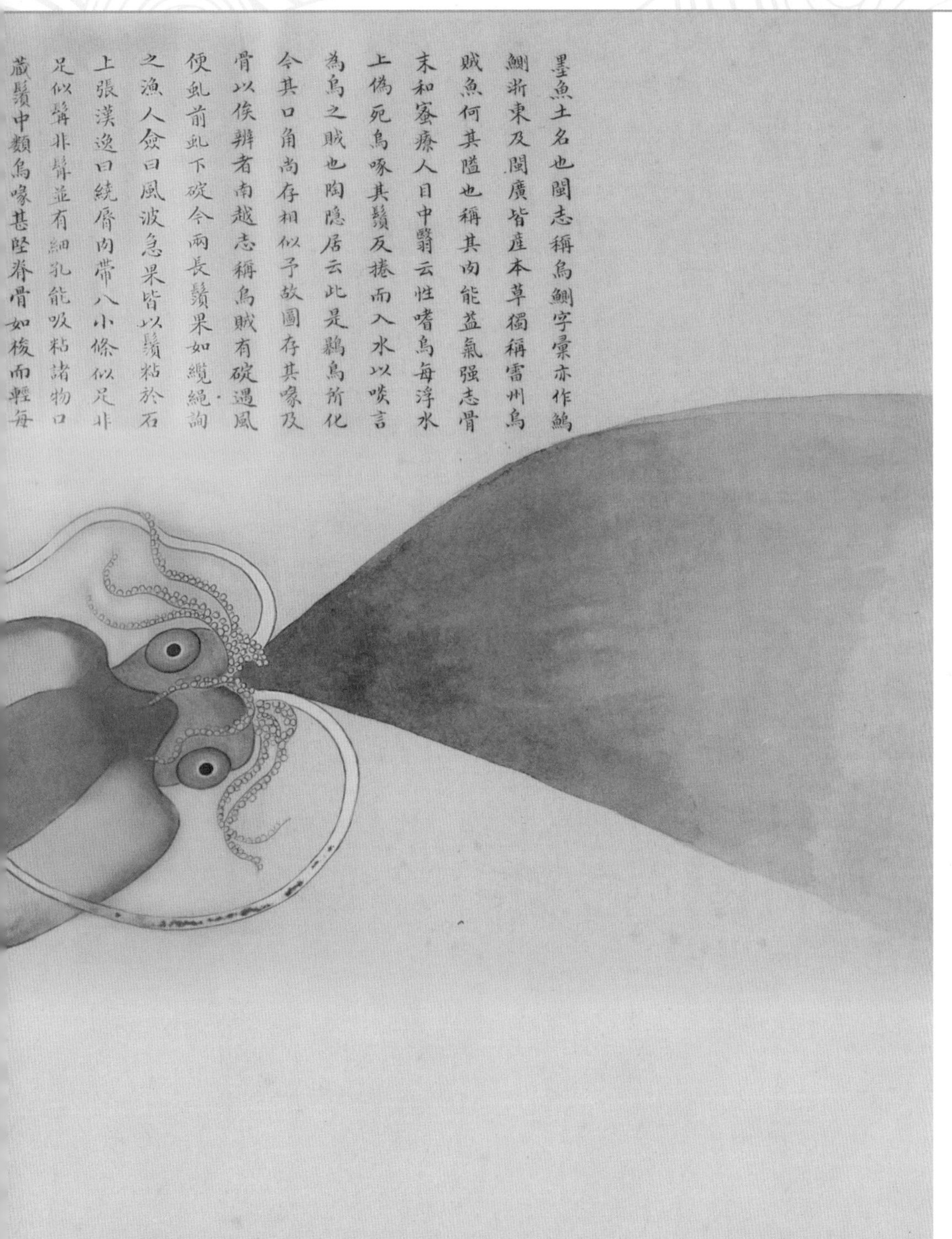
墨魚土名也閩志稱烏鰂字彙亦作鰞
鰂浙東及閩廣皆產本草獨稱雷州烏
賊魚何其隘也稱其肉能益氣強志骨
末和蜜療人目中翳云性嗜烏每浮水
上偽死烏啄其鬚反捲而入水以啖言
為烏之賊也陶隱居云此是鷃烏所化
今其口角尚存相似予故圖存其喙及
骨以俟辨者南越志稱烏賊有碇遇風
便虬前虬下碇今兩長鬚果如纜絙詢
之漁人僉曰風波急果皆以鬚粘於石
上張漢逸曰繞脣肉帶八小條似足非
足似鬚非鬚並有細乳能吸粘諸物口
藏鬚中類烏喙甚堅脊骨如核而輕每

海错奇说 ——会捕捉鸟儿的“鱼”

据《本草》记载，墨鱼会浮在海面装死。喜欢食腐肉的乌鸦看到，便会飞落下来啄食。可当乌鸦刚一接近，墨鱼就会突然一跃而起，用它的“长须”将乌鸦硬生生地卷进海底，吃个干净。

《海错图》中描述，墨鱼环绕着嘴唇的八条细长的肉带，像脚又不是脚，像胡子又不是胡子，上面还有细孔，能够粘在各个物体上。《南越志》记载，墨鱼每逢遇到大风大浪，就将长须紧紧地粘在大石头上，以免被风浪刮得到处乱摆。墨鱼每当遇到危险，就会喷出墨汁，趁机开溜。不过，渔民反而能循着墨迹抓到墨鱼。

还有传说，墨鱼是由一种鸔（bǔ）鸟的水鸟变化而成。因为墨鱼的嘴巴很像鸟喙。

海图探秘 ——不会捕鸟，只会喷墨

首先，墨鱼捕鸟的故事只是一个传说，并没有实证证明，就连古人也不能确定。但我们今天的科学家却发现了接近传说的一幕，那就是墨鱼能够利用自己强劲的腕足高高跃出海面，划出一道华丽的弧线后再扎入水中，也许，这就是墨鱼捕鸟的真相吧。

墨鱼遇到敌害能够喷墨逃匿的传闻基本属实，因为它体内长有一只墨囊，里面蓄有浓浓的墨汁，遇到危险能迅速喷出。但每次喷完墨后，都要静待一段时间才能重新产生墨汁。除此之外，墨鱼的皮下有色素细胞，所以能像变色龙一样，随着周围环境的变化改变自己的肤色，以此来隐蔽自己。

墨鱼的腕上布满密密麻麻的吸盘，不仅能吸住岩石，还能吸住猎物。墨鱼嘴，就长在这些腕当中。

海图百科

墨鱼，别称乌贼、乌鲗（zéi）、花枝等，是一种头足类的软体动物，由头、腕、躯干等三部分组成。头部软绵绵的，包裹着硕大的大脑，十条腕两长八短，躯干则包裹着五脏六腑。最大的乌贼能长到十几米长。

乌贼还非常聪明，有人曾经做了个实验，在乌贼面前摆放装着小鱼的玻璃瓶，瓶口拧上瓶盖。不多时，乌贼就能开动脑筋，自己“手动”拧开了瓶盖，吃到里面的小鱼。

乌贼拥有三个心脏，血是蓝色的，每条腕都布满了神经元，能够独立行动，难怪有的科学家认为乌贼是外星生物。

海错档案

乌贼	别称	墨鱼、墨斗鱼、乌鲗、花枝
	习性	栖息于远离海岸的深海区，遇到危险时会喷出墨汁并伺机逃跑，以鱼类、甲壳动物、软体动物等为食
	分布	世界各大洋，主要集中在温带和热带海域

海蜘蛛産海山深僻處大者不知其幾千百年舶人樵汲或有見之懼不敢進或云年久有珠龍常取之彙苑載海蜘蛛巨者若丈二車輪文具五色非大山深谷不伏遊絲隘中牢若絙纜虎豹麋鹿間觸其經蛛益吐絲糾纏卒不可脫俟其斃腐乃就食之舶人欲樵蘇者率百十人束炬往過絲輙燃或得其皮為履不航而涉愚按天地生物小常制大蛟龍至神見畏於蜈蚣虎豹至猛受困於蜘蛛象至高巍目無牛馬而怯于鼠之入耳鼉至難死支解猶生而常斃于蛟之一啄物性受制可謂奇矣

海蜘蛛賛

海山蜘蛛大如車輪
虎豹觸網如縶蠅蚊

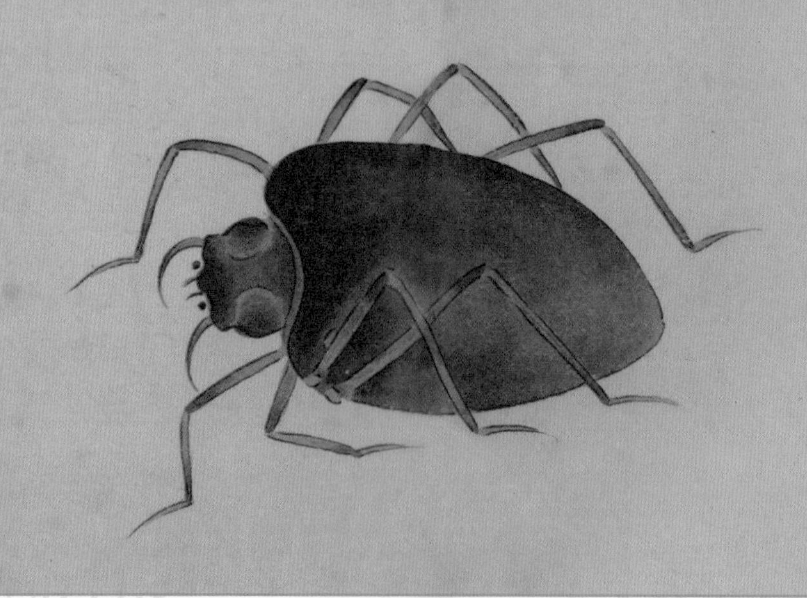

海山蜘蛛，大如车轮。

虎豹触网，如系蝇蚊。

——海蜘蛛赞

/译/文/

在海岛的山林深处，有一种蜘蛛，体形大得就像车轮一样。老虎豹子触碰到蜘蛛网，也像苍蝇和蚊子一样无法逃脱。

——能吃虎豹的蜘蛛

相传，在海岛的山林深处，有一种巨大的海蜘蛛。这种蜘蛛，不知道活了几千几百年，有两丈车轮那么大，长着五彩斑纹，丝如缆绳般牢固。海蜘蛛平时潜伏在深谷，结下蜘蛛网，一旦有猎物触碰蛛网，海蜘蛛就会吐丝缠住它们，等到猎物死后，尸体腐烂，再来大快朵颐，就连虎、豹等猛兽也难逃它的“魔网”。

海蜘蛛的故事被渔民传得越来越玄乎，如海蜘蛛体内有宝珠，龙会去把宝珠取走，成为“龙珠”云云。还有传说，曾经有上百号“猛人”举着火把，见到蜘蛛网就烧，最后把海蜘蛛逮着了，还剥下了它的皮做成皮鞋。

——此“蛛”非彼“蛛”

首先，《海错图》中的海蜘蛛，根本找不到亲眼见过之人，没有真凭实据去证实。聂璜所载的海蜘蛛“能够捕捉虎豹”等故事则更加离奇。所以，我们只能从类似的生物中寻找。

海中有一种蜘蛛蟹，它拥有如蜘蛛脚一般的细长步足，有点像蜘蛛，但它的体形比书中记载的小太多，也不会吐丝结网，更别说捕捉虎豹了。

陆地上，目前已知最大的蜘蛛，是食鸟蛛，足展开最长也就 20 多厘米。事实上，真正的海蜘蛛，其实另有其物，只不过此枇杷非彼琵琶。

海图百科

现实中的海蜘蛛生活在海底，长有 8 条非常细长的腿，时常匍匐在岩石和海草之下，世界各地都能找到它的踪迹。海蜘蛛仅仅只有几毫米，因为太小，海蜘蛛还常充当“跳蚤”的角色，依附在其他大一点的动物身上，寄生过日子。

别看海蜘蛛小，但是拥有古老的历史，据说它已经在地球上生存了 4 亿多年，现今发现的远古海蜘蛛化石跟现代的区别也不是很大。

海错档案

海蜘蛛	别称	皆足虫
	习性	海底底栖生活，常与苔藓动物、海绵动物在一起，以苔藓、水螅等小型动物、藻类及微生物为食
	分布	全球各大海域

海蠶裸蟲也裸蟲無毛毛蟲盡則繼以裸蟲裸蟲三百六十而以人為長人為物靈不可並舉故博物等書止稱麟鳳龜龍為四靈之長今海上之裸蟲多矣不得不並毛蟲而共列之而以蠶繼馬者海馬雖未嘗變海蠶而蠶與馬同氣原蠶之禁見於周禮合之六帖馬革裹女化蠶之說要亦有異況蠶之食桑如馬之在槽而首亦類馬故亦稱馬頭娘然此但言陸地之蠶與馬同氣者如此而海蠶則更有異焉南州記曰海蠶生南海山石間形大如拇指其蠶沙白如玉粉真者難得又拾遺記載東海有冰蠶長七寸黑色有鱗角覆以霜雪能作五色繭長一尺織為文錦入水不濡入火不燎諸類書昆蟲必有蠶而曰龍精吾於鱗角之冰蠶而信龍精云

海蠶贊

蠶本龍精
先諸裸生
性秉陽德
頭類馬形

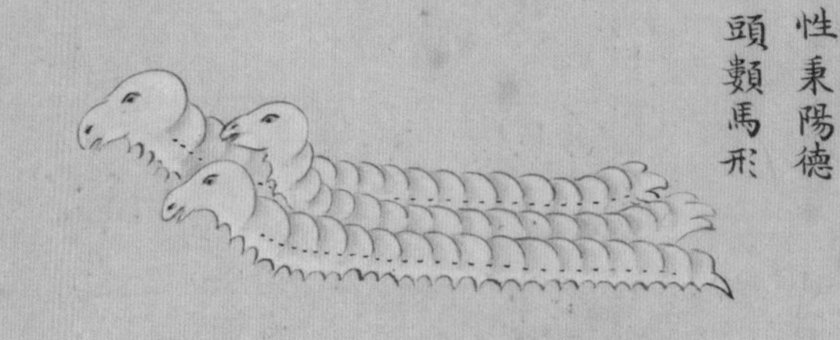

蚕本龙精，先诸裸生。

性秉阳德，头数马形。

——海蚕赞

/译/文/

蚕原本是龙的精气所化，之前都是裸体而生，海蚕也一样。它这种物体的本性原本阳刚，而脑袋也长得像马的形状。

海错奇说——虚虚实实道海蚕

《南州记》记载：海蚕生活在南海的山石之间，拇指大小，像用玉磨制的粉那么白，很难得到。《拾遗记》也有记载：东海有“冰蚕”，全身黑色，有鳞有角，还能结出“五色茧”！

聂璜对此解释道：“海蚕，裸虫也……今海上之裸虫多矣，不得不并毛虫而共列之……”意思就是许多陆地上有的动物，海里也有。

不过，聂璜并没有亲眼见到海蚕的真实模样，一切都是根据书籍来考据的，所以，他依照陆地上的蚕虫画下他心中“海蚕”的模样后，还不忘来个温馨提示：“海蚕则更有异焉。”

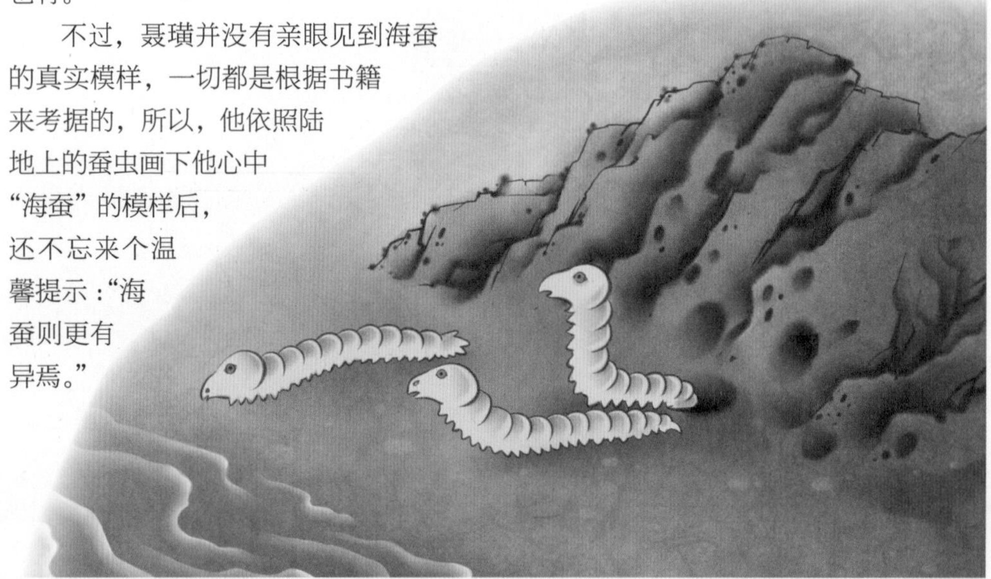

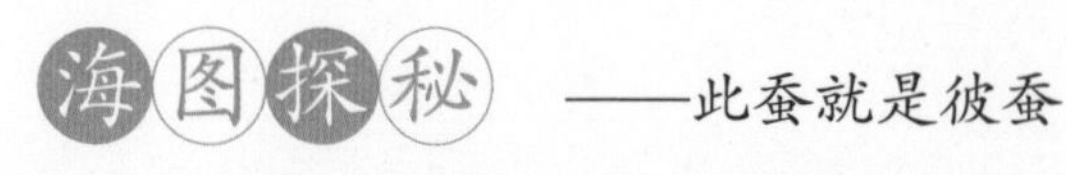

海图探秘——此蚕就是彼蚕

其实，现实中和《海错图》中海蚕相似的动物有很多，比如龙肠、博比特虫等，但是它们都既不会吐丝，也不会结茧，更没有《海错图》中记载的那么神奇。只不过聂璜太过于理想化，又被一些传说给带偏了，凭空创造出一种实际上不存在的物种，并冠以“海蚕”之名。

现在，人们所说的海蚕，其实是沙蚕。

海图百科

沙蚕是一种环节动物，通常栖息在海边的泥沙中，或石头缝隙里。身体细长，由头部、躯干部和尾部组成，体侧长有肉质的“疣足”，看起来就像蜈蚣一般。沙蚕体形不大，一般 10 厘米左右。

沙蚕栖息在泥沙中，属于食物链的底层物种。

别看沙蚕其貌不扬，它可是钓鱼者和海产饲养者重要的饵料，而且许多地方还有食用沙蚕的风俗。例如沙蚕在广东被称为禾虫，“鸡蛋炖禾虫”是许多广东人青睐的一道名菜。

海错档案

沙蚕	别称	海蛆、海蜈蚣、海虫
	习性	栖息于海底的泥沙、石缝、海藻丛、珊瑚礁中，以蠕虫、浮游动物等为食
	分布	太平洋及大西洋沿海海域，中国沿海地区广泛养殖

介部

海和尚鱉身人首而足稍長廣東新語具載然未有人親見則難圖康熙二十八年福寧州海上網得一大鱉出其首則人首也觀者驚怖投之海此即海和尚也楊次閩圖述

海和尚贊

海中和尚本不求施
危舟撒米乞僧視之

海和尚

海中和尚，本不求施。

危舟撒米，乞僧视之。

——海和尚赞

/译/文/

海里的和尚，原本就不求别人布施。但如果船只遇到危险，人们还是对着大海洒下米粒，希望海和尚能够看到而保佑他们。

海错奇说 ——长着“人头”的乌龟

康熙二十八年（1689 年），在现今福建福宁州靠海的地方，渔民们还像往日那样出海捕鱼，却网住了一只奇怪的“大鳖”。

人们将网打开，只见这只大鳖长着一颗光溜溜的人脑袋！一时间，大伙儿都被吓住了，以为遇到了海里的神灵！惊恐之下，渔民们赶紧将这人头鳖身的家伙恭送回了海里。

这件奇事就记载在《海错图》中。画中的海和尚，长着光头，鳖身，四肢也长得像鳖一样。聂璜介绍说这个家伙比起鳖来，四足又稍长。另据《广东新语》记载，海和尚就是人鱼，而且指的是雄人鱼，雌人鱼则叫海女。总之，因为没有人亲眼见过，所以很难画出它的真面目。

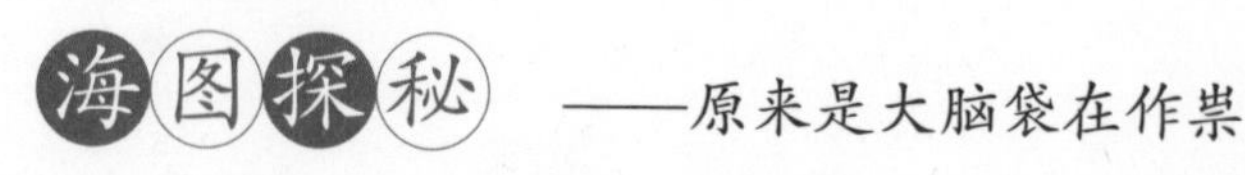

海图探秘 ——原来是大脑袋在作祟

国外也有类似“海和尚”的记载。如欧洲中世纪流传的“海修道士”的传说，日本流传的关于海坊主、河童等水怪的传说。其中海坊主长着一颗巨大的光头，时不时从海中冒出来吓人；河童在日本更是大名鼎鼎，身背一副龟壳，跟海和尚十分相像。

既然海和尚是鳖身，那么大海中的生物，我们能想到的就是海龟、玳瑁这些动物。通过与聂璜的记载进行对比，我们发现棱皮龟与《海错图》中“海和尚”的特征很像。

棱皮龟后背没有角质甲片，而是包了一层革质的皮肤，符合《海错图》中“海和尚”鳖身的特征。光溜溜的大脑袋，如果不仔细看，还真像一个憨厚的光头和尚！

海图百科

棱皮龟是现今存世最大的龟，一般能长到 2 ~ 3 米，体重 100 多公斤。棱皮龟能以每小时 30 多公里的速度，在海中前行。

棱皮龟主要以鱼、虾、蟹、乌贼、贝类、海藻等为食。

然而，人类对海洋环境的污染，严重威胁着棱皮龟的生存。比如，棱皮龟会因误食海洋中的垃圾导致肠道阻塞，最终死亡；棱皮龟会被人类的渔网缠住，最终窒息而亡。再加上人类的滥捕乱杀，棱皮龟的数量大大减少，到了濒临绝种的地步。

海错档案

棱皮龟	别称	革龟、燕子龟、舢板龟
	习性	栖息于热带及亚热带海域，杂食性，主要以鱼、虾、海藻等为食
	分布	太平洋海域、大西洋海域

凡鱟至夏南風發則由南海雙雙入於浙閩海塗生子至秋後則仍還南海閩中漁人云小鱟魚雌者常聚於廣之潮州雄者聚於浙閩海塗至秋長大浙閩小鱟皆去就潮州配合越年復來是成雙也予未敢信海人曰吾濱海兒童捕得小鱟皆雄而無雌以是可驗此奇理也存其說以俟高明

无鳞称鱼，有壳非蟹。
牝牡乘风，来自南海。

——鲎(hòu)鱼赞

译文

鲎鱼没有鳞片却称为鱼，有硬壳却不是蟹。它们来自南海，成双成对地乘着风儿来到浅滩。

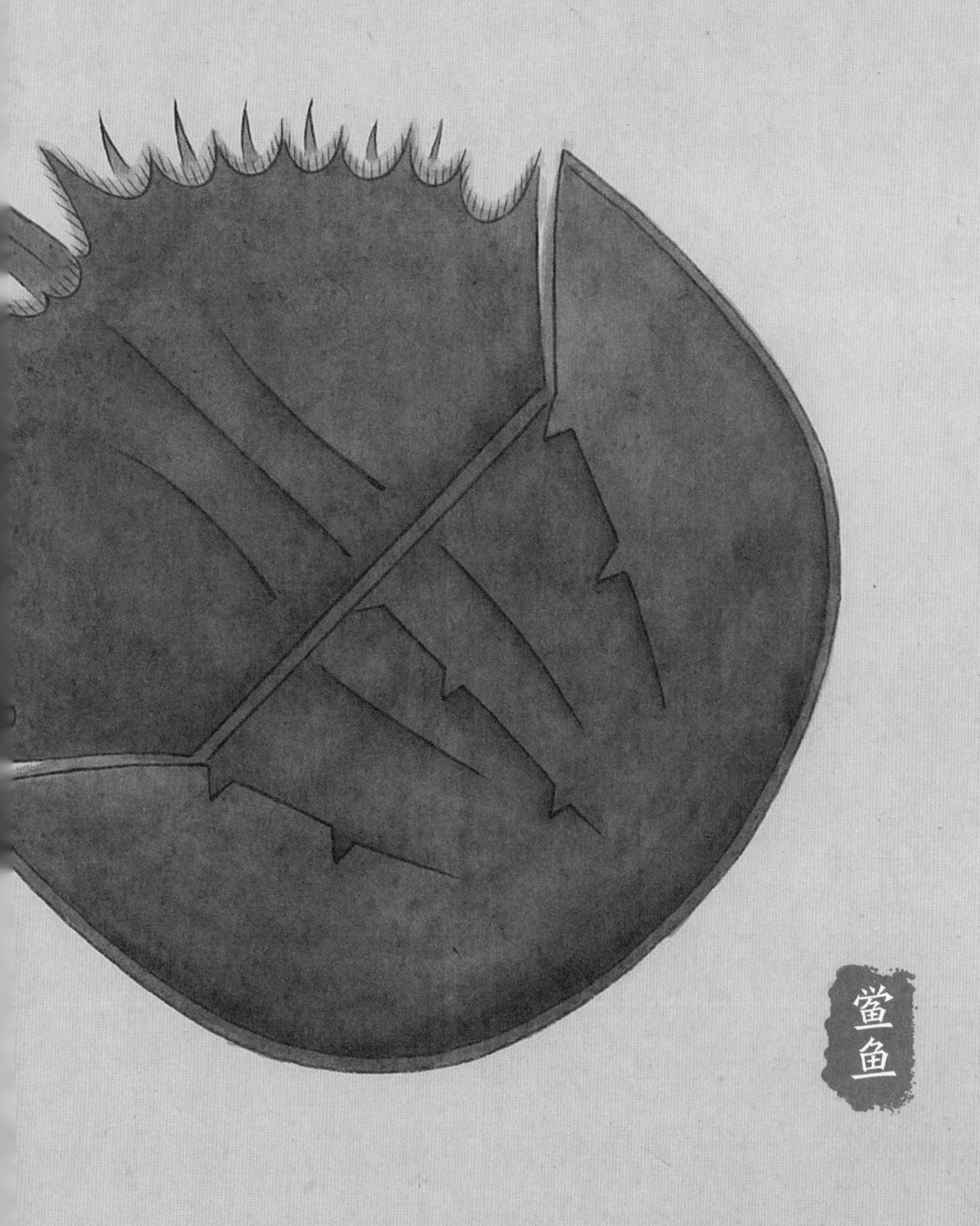
鱟魚贊
無鱗稱魚
有殼非蟹
牝牡乘風
來自南海
鲎鱼

海错奇说 ——怪模怪样的“鲎帆”奇景

“无鳞称鱼，有壳非蟹”。鲎鱼，壳作前后两截，有筋膜相连，背呈墨绿色，前面头胸部像半个葫芦瓢，尾部一条细长尖锐的尾巴；一对眼睛，镶嵌在头胸部背面；18条小腿都长在头胸部的腹面，鳃长在腹部腹面，不仅用来呼吸，还能用来划水。

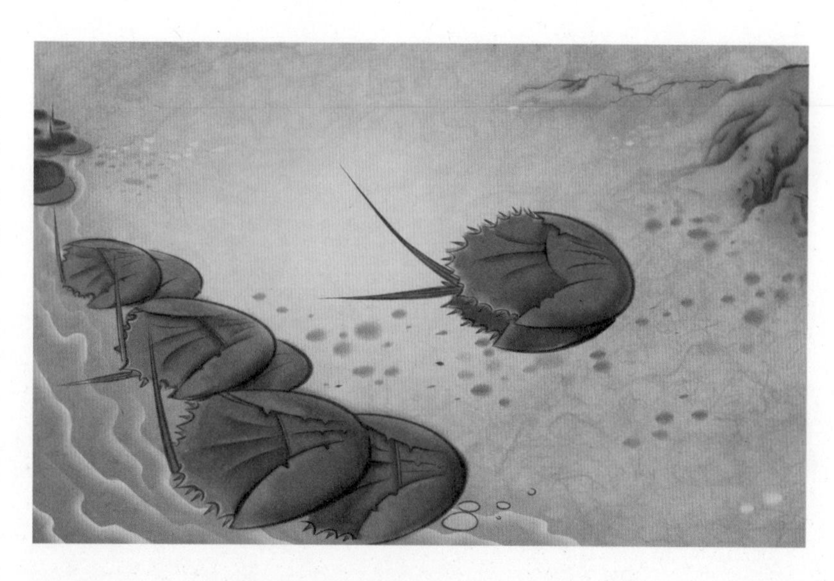

每逢夏季，在我国东南沿海一带会出现“鲎帆”的奇特景象，原来是雌鲎鱼背着雄鲎鱼正从海中奋力地向岸边游去，雄鲎竖起尖尖的尾巴，远远望过去，密密麻麻的鲎尾就像帆船的桅杆一样。

鲎卵一开始小如绿豆，长大后的鲎，最大的竟有脸盆那么大。

海图探秘 ——“鲎帆”，原来是被“撞翻”

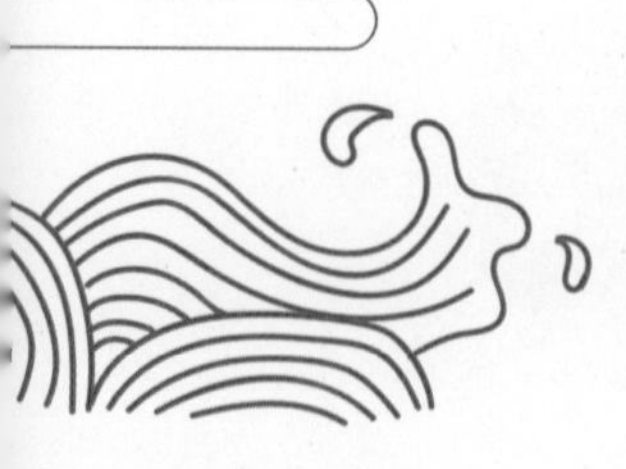

鲎鱼，今简称鲎，它整个身子由头胸部、腹部和剑尾三部分组成。头胸部是鲎的主体，长着眼睛、附肢，腹部长着用来呼吸和划水的鳃，最后那根长长的剑尾，则是一把防身利器。

《海错图》中对鲎的描述大体正确，但也有几处小错误，那就是鲎有4只眼睛，都长在头胸甲前端；鲎的脚称为附肢，只有12只。

“鲎帆”现象发生在每年夏季鲎鱼的繁殖高峰期，它们抢滩登陆上岸产卵时，由于拥挤，有的鲎会被同伴撞翻，被撞翻的鲎急于翻身，便拼命摆动自己尖尖的剑尾，就像竖起的一根根“鲎帆”在随风飘动。但如今鲎的数量大大减少，已很难再看到“鲎帆”这种壮观景象了。

海图百科

鲎已在地球上生存了4亿多年了，根据化石来看，4亿多年来，它在外形上几乎没有多大变化，故有“活化石”之称。

鲎大约有25年的寿命，但从出生到成年就要花13年左右，一生要蜕18～19次壳。鲎以底栖的小型甲壳动物、软体动物、环节动物为食。每年4月底到8月底，我国东南沿海的鲎在沙滩上挖出浅坑，然后把卵产在里头，每只雌鲎一次能产卵200～300粒。

鲎的血液中富含铜，遇到空气后会变成蓝色。而且鲎血遇到细菌内的毒素会凝固，可以借此准确快速地检测出人体组织是否因细菌感染而致病，检测医疗品是否被细菌污染。所以，鲎血可是医疗领域不可多得的宝贝。

现在鲎已经被列为国家二级保护动物。

海错档案

鲎		
	别称	两公婆、马蹄蟹、王蟹、夫妻鱼
	习性	栖息于数十米深的沙质底浅海区，以小型甲壳动物、小型软体动物、环节动物等为食
	分布	亚洲沿海地区、北美洲沿海地区

七鱗龜生島磧間背甲連綴七片綠色能屈伸其下有粗皮如裙海人取此剔去皮甲其肉為羹味清市上鮮有

七鱗龜贊

九孔八足
徧知螺螄
七鱗名龜
獨稱閩海

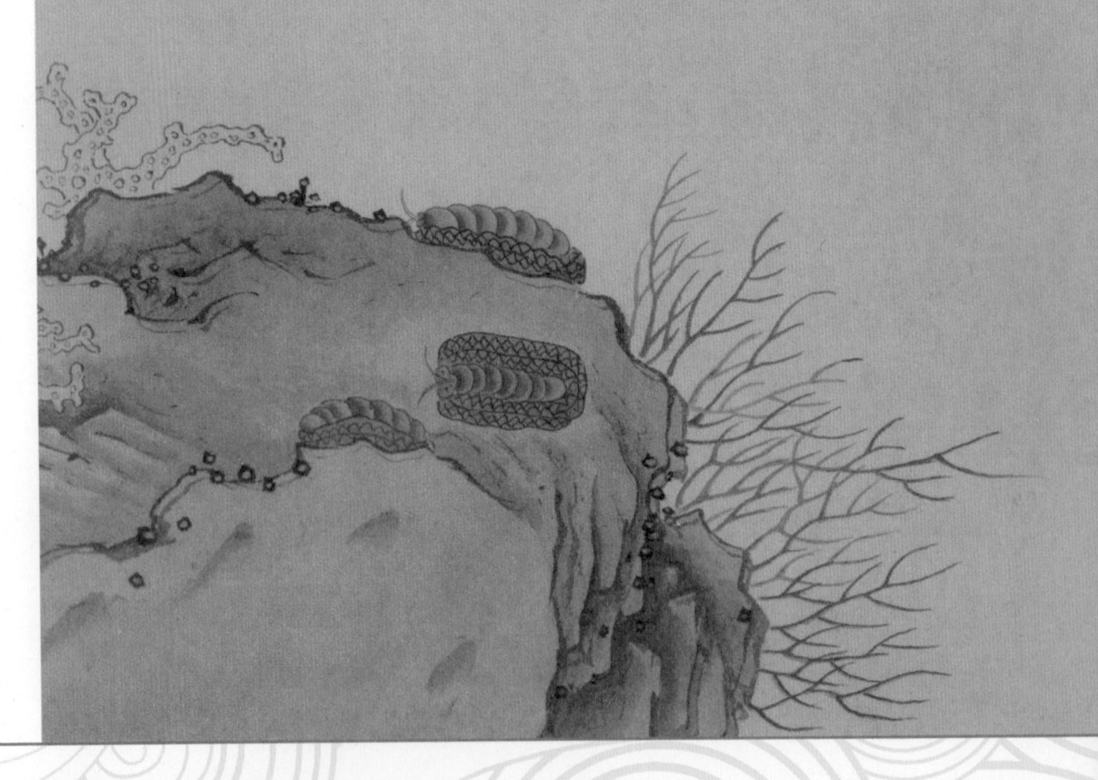

七鳞龟

九孔八足，遍知螺蟹。

七鳞名龟，独称闽海。

——七鳞龟赞

/译/文/

九孔螺、八脚蟹，在螺蟹之间很普遍。七鳞龟名气很大，在闽海一带可谓首屈一指。

海错奇说 ——独称南海的“龟”

七鳞龟生长在海岛的沙地之间，如果不仔细寻找，是很难发现的，七鳞龟背上有七片相连的绿色甲片，能屈能伸，有粗皮如裾。海边渔民将其捕获后，剔掉它的皮甲，用它的肉烹制成羹汤，味道极其清甜鲜美，是大城市这种地方极少能品尝得到的。

那么，究竟这种七鳞龟是什么动物呢？我们这就来探索一下。

海图探秘 ——不是龟的“八鳞龟”

通过仔细观察，七鳞龟是附在海岸边的礁石上的，背部整整齐齐排列的甲片可以活动。

其实，七鳞龟就是海边常见的美味——石鳖。实际上，石鳖被称为七鳞龟名不副实，因为它的背甲有八片。

石鳖具有非常强劲的吸力，能够牢牢地贴在海边的礁石上生活。剥取石鳖外面的硬壳后，用它熬汤，味道极鲜。不过，许多海岸上的硬壳类生物，如藤壶、海虹、龟脚等，味道都是非常好的。聂璜所说的石鳖“独称闽海”，大概指的是石鳖数量众多，以及味道鲜美，所以在中国福建海域一带大名鼎鼎？

海图百科

石鳖是一种原始的贝类，背上长有八块甲壳，严严实实地保护着身体，远远看起来，还真像一只头脚都缩进甲壳里的、趴在礁石上的乌龟。

石鳖的眼睛长在背壳上，嘴巴却是长在前端正下方。平时，石鳖在礁石上缓慢运动，以礁石上的藻类为食。此外，也有石鳖生活在深海中，以海草为食。在进食时，石鳖会伸出它的舌头，在凹凸不平的石面上划拉。

石鳖的肉长得像鲍鱼，所以有不法分子用石鳖冒充鲍鱼，从中牟取暴利。

海错档案

石鳖	别称	七鳞龟
	习性	种类很多，有的种类生活在浅海岩石上，有的种类生活在深海中，有的种类附着在海中的动植物身上生活，行动缓慢，主要以藻类为食
	分布	遍布世界各地海域，主要集中在气候温暖的地区

作器即生者亦不易得又有一種龜鼊亦瑇瑁之類其形如笠四足無指其甲亦有黑珠文彩但薄而色淺不堪作器謂之鼊皮不入藥用字彙引張守節註曰一說雄曰瑇瑁雌曰觜蠵粵志廣州瓊廉皆產華夷考註瑇瑁身類龜首如鸚䳇六足前四足有爪後二足無爪安南占城蘓祿瓜哇諸國皆產考之羣書瑇瑁之說可謂備矣

瑇瑁贊

本是龜體惡其形穢
服色改裝是名瑇瑁

愚按瑇瑁實生海洋深處而本草云產嶺南山水間且圖其形係四足蓋惟辨其藥性而未深考其形狀及出處也字彙註但引張守節一說義亦簡略昔人云以龜筒充瑇瑁今也以羊角點斑為之瑇瑁徧天下矣是圖粵人既為予繪予更考驗余戚生藥室所藏真殼果係十有二葉埤雅云象體具十二生肖惟鼻是其本肉錄異記云黿之身有十二屬肉今瑇瑁背葉十二或亦按生肖歟存疑以俟辨者

玳瑁

瑧瑁彙苑註曰狀如黿背負十二葉產南番海洋深處白多黑少者價高大者不可得新官蒞任漁人必携一二来獻皆小者耳取用時必倒懸其身以滚醋潑之逐片應手而落但不老則其皮薄不堪用本草云大者如盤入藥須用生者乃靈帶之亦可辟蠱凡遇飲食有毒則必自揺動死者則不能神矣昔唐嗣薛王鎮南海海人有

本是龟体，恶其形秽。服色改装，是名玳瑁（dài mào）。

——玳瑁赞

译文

原本长着龟的身体，但却厌恶这丑陋的形态。于是改变装束，从此号称玳瑁。

海错奇说 ——鹰嘴六足的“测毒”乌龟

玳瑁，身子长得像龟，头却像鹦鹉。有六只脚，前面四只脚上有爪子，后面两只脚没有爪子，故名“瑇瑁”。

《海错图》中还记载了玳瑁的一些传闻轶事，如：用滚烫的醋泼之去玳瑁背甲、玳瑁的背甲可以再生等。且《岭表录异》还记载：唐代嗣薛王镇守南海时，渔民献给他一只玳瑁。嗣薛王便命人揭下一小片玳瑁的背甲，当作装饰物系在自己的左臂上以辟毒。每当他遇到有毒的食物，龟甲就会自己摇动起来。

“瑇瑁”或者说“玳瑁”，究竟是何方神圣，让我们来揭开这个谜底吧。

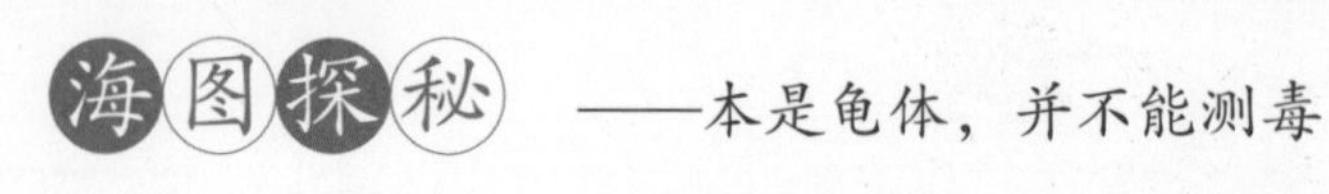

玳瑁其实是一种海龟，只不过玳瑁的嘴尖锐弯曲，看起来就像鹦鹉嘴。玳瑁只有四条腿，并没有六条腿。图中玳瑁有六条腿，是因为聂璜将《华彝考》这本书的内容奉为真理，没有去实地考察。

至于《岭表录异》中的玳瑁能够预测毒物的说法，只能算是一种坊间传说。

海图百科

玳瑁一般能长到 1 米左右，体重在 100 公斤上下，幼时背面角质板呈覆瓦状排列，就像几块玛瑙或者玉石拼在了一起。

玳瑁一般生活在浅水海域的珊瑚礁中，主要以软体动物、甲壳纲动物及小型鱼类为食，也食海藻。

玳瑁被列为我国二级保护动物，也被《濒危野生动植物种国际贸易公约》列为限制捕杀买卖的动物而受到保护。

海错档案	玳瑁	别称	鹰嘴海龟、文甲
		习性	栖息于浅海地区的珊瑚礁一带，以虾蟹、海绵、海藻、鱼类、贝类等为食
		分布	太平洋海域的热带地区、大西洋海域

羽部

由来兴废，到处沧桑。乌衣国主，换黄袍王。

——金丝燕赞

译文

从来事物都是有兴有废，所以到处都会出现沧海桑田的现象。就像金丝燕，原本只是普通的穿着乌黑服饰的『国主』，有朝一日却变成披着黄袍的『王者』。

金丝燕

金絲燕贊

由來興廢到處滄桑

烏衣國主換黃袍王

燕窩贊

燕窩佳品不列八珍
味超郇饌名缺叚經

燕窩海錯之上珍也其物薄而圓潔絲絲如銀魚然白者為上黄者次之相傳謂海燕啣小魚為卵巢故曰燕窩然予食此每條分而縷折視其狀非魚也蓋凡小魚初生即有兩目甚顯今燕窩雖曰魚寔無目可驗其非詢之閩士皆不知其原有博識者曰泉南雜志所載不謬也志云燕窩產閩之遠海近番處有燕毛黄名金絲者首尾似燕而甚小臨育卵時羣飛近泥沙有石處啄蚕螺食之據土番云蚕螺背上肉有兩筋如楓蚕絲堅潔而白食之可補虛損已勞痢故此燕食之肉化而筋不化并津液吐出結為小窩子得其說始知燕窩之果非魚也燕窩本草諸書不載而食者多云甚有裨益今番人云可補虛損理不誣矣近得一秘方云痰甚者以燕窩用蜜汁蒸而啖之自化神效然未試也

燕窝佳品，不列八珍。味超郇（xún）馔，名缺段经。

——燕窝赞

译文

燕窝是著名的高等食材，但却不在美味『八珍』之列。虽然它的味道超过了郇地美食，但许多书籍中却没有相关记载。

海错奇说 ——构筑“珍品”的燕子

相传，在福建远海靠近番禺的地方，生活着一种金丝燕，羽毛是黄色的，就像身上夹着一根根金丝一样，脑袋和尾巴与寻常的燕子一样，但体形很小。每当它们临近产卵时，就会成群地飞到靠近泥沙地的岩石一带，啄食一种蚕螺类。螺肉上的两根筋无法消化，随着金丝燕的口水一起被喷出，从而结成的白色小窝，就是如今鼎鼎大名的滋补品——燕窝，又圆又洁白。

聂璜形容燕窝是“海错之上珍”，还听说燕窝是金丝燕用捕来的小鱼“编织”而成。但聂璜亲自动手掰开燕窝查验后，发现没有一点鱼的影子。根据自己想象，聂璜画出了金丝燕和它的燕窝。

那金丝燕平时是如何生活的？又是如何制作燕窝的呢？

——“黄袍王”原是善于筑巢的“灰姑娘”

实际上，金丝燕更像是一位“灰姑娘”，羽毛上体呈褐至黑色，带金丝光泽，下体则是灰白或者纯白色。

金丝燕一般都选在海边高高的山洞石壁上建造燕窝，这也为是了保护自己的巢穴。如果巢穴建在地上，很容易遭到侵害。燕窝确实是金丝燕分泌出来的唾液，混合其他物质所筑成的巢穴。

海图百科

金丝燕，体形较小，通常只有 10 多厘米，毛色较深，下腹部较浅。金丝燕属于群栖鸟类，在海边的山崖峭壁中筑巢生活，平时以昆虫为食，也常飞到海边浅滩寻找小型海洋生物。

金丝燕原本并不出名，但自从它的巢穴成为人们争相哄抢的著名滋补品后，人们过度采摘燕窝，甚至将巢中的蛋和雏鸟扔掉，对金丝燕的繁衍造成了严重破坏。所以，我们保护好燕窝，也就是保护好金丝燕。

海错档案

金丝燕	别称	黄燕、白燕、官燕
	习性	主要栖息于滨海地区，在沿海地区的岩石峭壁或石洞中筑巢，以虫类为食
	分布	南亚、东南亚部分地区及中国南部地区

化生

云鹿識水性常能成羣過海此島過入彼島角鹿頭
上項草諸鹿藉以為粮至於鹿魚雖有其名網中從
未羅得又焉知其能化鹿乎予考彙苑云鹿魚頭上
有角如鹿又曰鹿子魚赬色尾鬣皆有鹿斑赤黃色
南海中有洲每春夏此魚跳上洲化為鹿據書云在
南海宜乎閩人之所不及見也考字彙魚部有⿰魚鹿字
為魚中之鹿存名也
鹿魚化鹿贊
魚魚鹿鹿兩般名目
網則可漏柰林中遂

鱼鱼鹿鹿，两般名目。

网则可漏，柰(nài)林中逐。

——鹿鱼化鹿赞

译文

又是鱼又是鹿的，它们原本是两种不同名目的物种。渔网中从未捕到过鹿鱼，在森林中却能捕猎到鹿。

海错奇说——能变成鹿的鱼

据说广东海的海岛上最多的动物是鹿。当地渔民说，鹿头上会顶着草，常常成群过海，从这座岛游到那座岛上，就以这些草为食。

《汇苑》记载了一种鹿鱼。这些鹿鱼头上有角，尾鬣都有鹿斑。每当春夏交替时，鹿鱼就会接二连三地游到海岛边，纵身一跃，跳到岛上，变成一只鹿！

聂璜看到这个故事时，惊讶万分，并不敢相信。为了证实这种异象，他开始寻找鹿鱼，但找了许久，连鹿鱼的影子都没找到。渔民对此也是闻所未闻。那“鹿鱼化鹿”的传闻是不是真的呢？

海图探秘——会游泳的鹿

事实上，“鹿鱼化鹿”是一个没有科学依据的虚构故事。

那么，海岛上出现的是哪一种鹿，它们又是怎么到海岛上的呢？其实，有些鹿是会游泳的。在我国常见的梅花鹿、驯鹿、驼鹿、麋鹿等鹿中，驯鹿、驼鹿主要分布在北部，梅花鹿主要生活在草原和森林。所以，麋鹿就成为重点怀疑对象，它就是一位游泳高手。

大海退潮时，水浅了不少，这时，麋鹿就会成群结队地涉水到附近的海岛上觅食。远远看去，麋鹿们在水里扑腾扑腾地向前游动，登岸时甩一甩全身湿漉漉的毛，像极了传说中的“鹿鱼化鹿”。

海图百科

麋鹿，鹿科，头似马、角似鹿、蹄似牛、身似驴，因而也被称为“四不像”。麋鹿喜欢生活在水边，以水草为食。

麋鹿是我国特有的一种珍贵动物，原产于长江中下游一带，但随着历史的变迁，数量不断减少，到了元代，麋鹿已经濒临灭绝，当时的皇帝下令将剩余的麋鹿捕捉带到现今北京一带的皇家园林饲养。到了清朝，八国联军侵华时，麋鹿被侵略者“顺手牵鹿”，带到了异国他乡。

中华人民共和国成立后，通过多方努力，麋鹿终于得以回归祖国，政府还为它们建立了专属的自然保护区，让它们能够安定地生活下去。

海错档案

麋鹿	别称	四不像
	习性	栖息于温暖潮湿的沼泽地，喜爱游泳，以植物为食
	分布	原产于中国长江中下游，现国内主要分布在北京、湖北、江苏等地的保护区内

异像

曲爪蚪龍係明嘉靖末蒲人名手吴彬所
寫今存有畫在支提山張漢逸見過特為
予圖以為此非龍也殆蚪而龍者予按龍
之名有飛應蛟蚪等類不一此必蚪龍也
何以明之今松柏之古榦夭矯離奇者不
曰蛟枝而曰蚪枝圖內四爪盤曲之勢正
相類予故目為蚪龍字彙註蚪謂龍之無
角者今其首雖豊而非角歐陽氏曰從斗
相糾繚也此龍正得其狀俗作虬
曲爪蚪龍賛
蚪爪屈曲未生尺木
他日為龍飛騰海角

神龙

龍說文象形生肖論龍耳虧聽故謂之龍梵書名那伽爾雅翼龍有九似頭似駝角似鹿眼似兎耳似牛
項似蛇腹似蜃鱗似鯉爪似鷹掌似虎是也此繪龍者須知之圖中之龍盧懸康熙辛巳德州幸遇名手
唐書玉補入蓋宋式也正得九似之意又閩中嘗訪船人云龍首之鬣海上游行親見直豎上指陽剛之
質如此今之畫家或變體作垂鬛者謬矣
廣東新語曰南海龍之都會古人入水採珠者皆繡身面為龍子使龍以為己類不吞噬今日龍與人益
習諸龍戶悉視之為蝦蜑矣新安有龍穴洲每風雨即有龍起去地不數丈朱鬣金鱗兩目燁燁如電其
精在浮沫時噴薄如瀑泉爭承取之稍緩則入地是為龍涎

神龍贊
水得而生雲得而從小大具體幽明並通
羽毛鱗介皆祖於龍神化不測萬類之宗

水得而生，云得而从。
小大具体，幽明并通。
羽毛鳞介，皆祖于龙。
神化不测，万类之宗。

——神龙赞

译文

龙是水中之物，有云就能腾空而起。龙的身体可大可小，可暗可明。羽、毛、鳞、介，万物皆以龙为祖先。神化后的龙，难以预料，不愧为世间万物的祖宗。

海错奇说 ——被推上神坛的“万类之宗”

龙，聂璜形容它头部像骆驼，犄角像鹿，眼睛像鬼怪，耳朵像牛，脖子像蛇，腹部像蜃，鳞片像鲤鱼，爪子像老鹰，手掌像老虎。

《广东新语》称，南海是龙的都会，那里盛产珍珠。为了采到珍珠，古人在下水前，会穿上绣有龙子图案的衣服，他们潜下水后，龙一看他们身上的图案，会以为是同类，就不会伤害他们。书中还说，广东新安有个岛——龙穴洲，每次风雨之时，就会有龙腾云飞起来，龙还会与人对视，人不仅不害怕，还会争相接住神龙留下的龙涎。

那么，龙真的存在吗？

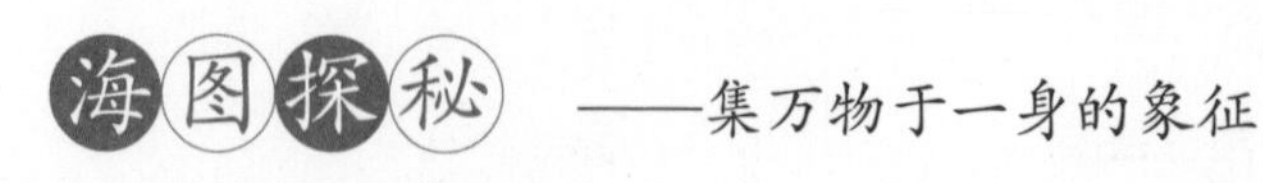

海图探秘 ——集万物于一身的象征

龙的传说，自古便众说纷纭。

祖冲之《述异记》记述：“虺（huǐ）五百年化为蛟，蛟千年化为龙，龙五百年而为角龙。”

据专家研究，有好几种动物，如蝾螈、蜥蜴、蛇、鳄鱼，甚至是猪都可能是龙的“真身”，所以，龙从何而来，几千年来也没有定论。

《广东新语》中南海采珠遇龙之事，也只是采珠人遇到跟龙比较相似的海洋生物而已，但这也反映出了南海海域的浩瀚和采珠人的劳作辛苦。

海图百科

龙，是我国古代传说中的神话生物。经过了几千年的传承以及艺术加工，人们赋予了龙飞天入海、能大能小、千变万化、无所不能的通天本事，我国形成了独特的龙文化，深入社会的方方面面，如建筑、服装、节日习俗（元宵节舞龙、龙舟赛）、生肖等。

到了现代，随着科学的发达和社会的进步，人们给龙这种传说中的生物赋予了新的含义，认为龙有积极向上、勇猛威武等特征，也将龙作为自己发奋图强的参照对象，立志让自己干出一番事业来。

海错档案

龙	别称	蛟龙
	习性	相传栖息于江河湖海水底，能“呼风唤雨”，神龙见首不见尾
	分布	不详

海人云凡鯊魚生子雖有卵如雞蛋黄然仍自胎生予未之信近剖花鯊果有小鯊魚五頭在其腹內有二綠袋囊之傍尚有小卵若干或俟五魚育則又生也海人又謂凡鯊生小魚小魚隨其母魚遊泳夜則入其母腹故鯊尾閭之竅亦可容指考之類書云鮫鯊其子驚則入母腹又彙苑稱鯌魚生子後朝出索食暮皆入母腹中鯌魚疑亦鯊也字彙未註明予奇此事每欲與博識者暢論而無由蓋魚在海中入腹出胎誰則見之徒據漁叟之語與載籍所論終難憑信今剖花鯊之腹而得五兒魚其理確然不煩犀焰予故圖而述之并可驗虎鋸青犁等鯊之無不皆然予序所謂鯌胸穴子比燕巢而尤深蓋指此也字彙魚部有鮂字指江豚能育子也然又有鱕鱕二字音義並同觀此鯊兒魚嘗出入其腹中則二字實藏魚於腹制字不虛必有着落如此

花鯊

如鸡伏雏，似燕翼子。花鲨胎生，诸鲨类此。

——花鲨赞

译文

像母鸡一样呵护小鸡，像燕子那样用翅膀保护幼崽。花鲨是胎生的，其他鲨鱼也是类似的情况。

海错奇说 ——“如鸡伏雏，似燕翼子”的好妈妈

聂璜听渔民说，有的鲨鱼产子，虽然肚子里有如蛋黄般的卵，但是是胎生的。

聂璜不信，鲨鱼怎么会像哺乳动物一样是胎生的呢？于是，他特地解剖了一条花鲨，只见腹腔内有五条成形的小鲨鱼，旁边的“绿袋”中还有一些鱼卵，像是准备孵化成小鲨鱼似的。

渔民还告诉他，小鲨鱼出生后，就随着鲨鱼妈妈四处觅食，如果遇到危险，它们会重新钻进妈妈的肚子里躲起来。

听了这个奇异的事情，又亲眼所见花鲨胎生的事实后，聂璜才相信“其理确然”。回去后，就画出了花鲨的图画，特意画出有小鲨鱼在花鲨的腹部进出，并把自己的见闻记叙了上去，称赞花鲨是“如鸡伏雏，似燕翼子”的好妈妈。

海图探秘 ——只出不进的鲨鱼肚

我们根据聂璜所画的鲨鱼图像所具备的特征，发现它就是白斑星鲨，这种鲨鱼确实为卵胎生动物。实际上，鲨鱼具有三种繁殖方式，分别是胎生、卵胎生、卵生。聂璜所见到的白斑星鲨就是卵胎生。此外，在现代科技的帮助下，可以得出结论——小鲨鱼不会钻回妈妈的体内，一时半刻也不行。

海图百科

白斑星鲨体形修长，腹部和背部鱼鳍分明。白斑星鲨除了腹部是白色的，浑身浅灰色，并布有点点白斑，这也是它得名“白斑星鲨”“花鲨”的缘故。

白斑星鲨体长一般在 1 米左右，属于小型鲨鱼。它们长着一排细长的牙齿，生活在东亚地区海域中，以小鱼、小虾等为食。白斑星鲨一胎能生下大约五六条幼鲨，幼鲨在妈妈的肚子里已经成形。

海错档案

白斑星鲨	别称	花鲨、白点鲨、沙皮、星鲨
	习性	在潮间带浅海泥沙底栖息，主要以底栖无脊椎动物为食，也吃鱼虾类
	分布	西太平洋海域、印度洋海域